新 电脑课堂
NEW COMPUTER CLASSROOM

2016

Excel
电子表格

李彤 聂琳 编著

U0334577

电子工业出版社
Publishing House of Electronics Industry
北京·BEIJING

内容简介

本书全面介绍了电子表格处理软件Excel 2016的使用方法和技巧，主要内容包括：初次接触Excel 2016、Excel 2016的基本操作、数据的输入与编辑、设置表格格式、使用对象美化工作表、使用公式和函数、数据统计与分析、通过图表让数据活灵活现、数据透视表和数据透视图、Excel 2016高级应用、打印电子表格和Excel 2016应用实例。

本书语言通俗易懂、内容丰富、结构清晰、操作性强，还配有超值多媒体自学光盘，光盘中附带完整的实战视频，内容涵盖本书中大多数知识点，书盘结合学习，更能事半功倍。

本书定位于Excel初学者，也适合作为电脑办公人员、统计人员、财会人员和教师的参考用书。

图书在版编目（CIP）数据

Excel 2016电子表格 / 李彤，聂琳编著. —— 北京：电子工业出版社，2017.4

（新电脑课堂）

ISBN 978-7-121-31151-2

Ⅰ.①E… Ⅱ.①李… ②聂… Ⅲ.①表处理软件Ⅳ.①TP391.13

中国版本图书馆CIP数据核字（2017）第060466号

策划编辑：牛　勇
责任编辑：徐津平
印　　刷：北京嘉恒彩色印刷有限公司
装　　订：北京嘉恒彩色印刷有限公司
出版发行：电子工业出版社
　　　　　北京市海淀区万寿路173信箱　　邮编：100036
开　　本：880×1230　　1/32　　印张：7.5　　字数：317千字
版　　次：2017年4月第1版
印　　次：2017年4月第1次印刷
定　　价：39.80元（含DVD光盘1张）

凡所购买电子工业出版社图书有缺损问题，请向购买书店调换。若书店售缺，请与本社发行部联系，联系及邮购电话：（010）88254888，88258888。

质量投诉请发邮件至zlts@phei.com.cn，盗版侵权举报请发邮件至dbqq@phei.com.cn。

本书咨询联系方式：010-51260888-819 faq@phei.com.cn。

前言

　　这，是一个星光闪耀的**传奇**：

❖ 诞生于2002年1月，是一套"元老级"计算机基础类丛书，已上市10多个子系列、200多个图书品种，正版图书累计销量数百万册……

❖ 面世以来屡获佳绩，并被无数电脑爱好者与初学者交口称赞与追捧。

❖ 图书品种覆盖电脑应用多个方面，适合零基础与初级水平读者学习。

❖ 曾获"全国优秀畅销书"等荣誉。

❖ 曾独创多种课程结构和学习方法，是图解式教学方法的先行者，内容精彩丰富的多媒体自学光盘也一直是亮点之一……

　　　　……

　　这，就是著名计算机基础类丛书品牌——新电脑课堂！今天，新版图书重装上阵，用**更优秀的品质和内容、更贴心的阅读体验**回馈多年来广大电脑爱好者的认可与厚爱！

　　欢迎走进"新电脑课堂"，您将体验到不一般的学习感受！这个课堂将指引您轻松走入广阔、精彩的电脑世界，畅享科技之趣！

想看书学电脑，图书怎么选？

❖ 一看图书内容的上手难易程度和包含的知识是否适合个人需求。

❖ 二看图书的学习结构是否符合学习习惯、阅读体验是否舒适。

❖ 三看书中的案例是否实用、精彩，最好能直接借鉴、使用。

❖ 四看配套光盘是否超值，例如，视频教程是否直观、生动、易于领会，是否赠送有价值的配套资源。

"新电脑课堂"丛书的特点

❖ **针对初学，从零起步**：一线教学专家精心编写，知识点选取完全依据初学者的主流需求、学习习惯和接受能力。

❖ **结构合理，逐步提高**：图书学习结构切合初学者的特点和习惯。通过多种内容栏目的精巧设置，引导读者循序渐进并逐步提高。

❖ **精选案例，学练结合**：以实用为宗旨，知识点融入应用案例中讲解；图解方式的案例讲解，图文并茂，条理清晰，轻轻松松理解重点和难点。

❖ **光盘超值，内容精彩：** 配套光盘包含数小时的精彩同步视频教程，还附带其他免费教学视频、电子书等超值赠品！

了解了"新电脑课堂"丛书的特点，相信正在为如何选书而发愁的您，心里已经有了明确的选择。

丛书新书

❖ 《新手学电脑（Windows 10+Office 2016版）》（全彩、超值DVD光盘）
❖ 《中老年人学电脑（Windows 10+Office 2016版）》（全彩、大字号、超值DVD光盘）
❖ 《五笔打字速成》（双色、超值DVD光盘）
❖ 《Excel 2016电子表格》（全彩、超值DVD光盘）
❖ 《Office 2016高效办公》（全彩、超值DVD光盘）
❖ 《PowerPoint 2016精美幻灯片制作》(全彩、超值DVD光盘)
❖ 《Photoshop CC图像处理》（全彩、超值DVD光盘）
❖ 《电脑组装与系统维护》（全彩、超值DVD光盘）

丛书作者

本套丛书的作者均是多年从事电脑应用教学和科研的专家或学者，有着丰富的教学经验和实践经验，这些作品都是他们多年科研成果和教学经验的结晶。本书主要由李彤、聂琳编写，参与编写工作的还有罗亮、孙晓南、谭有彬、贾婷婷、朱维 、余婕、张应梅等。由于作者水平有限，书中疏漏和不足之处在所难免，恳请广大读者及专家不吝赐教。

配套服务

轻松注册成为博文视点社区用户（www.broadview.com.cn），您即可享受以下服务。

❖ **提交勘误：** 您对书中内容的修改意见可在【提交勘误】处提交，若被采纳，将获赠博文视点社区积分（在您购买电子书时，积分可用来抵扣相应金额）。

❖ **与作者交流：** 在页面下方【读者评论】处留下您的疑问或观点，与作者和其他读者一同学习交流。

页面入口：http://www.broadview.com.cn/31151

二维码：

第4章　设置表格格式

第5章　使用对象美化工作表

第8章　通过图表让数据活灵活现

第9章　数据透视表和数据透视图

第10章　Excel 2016高级应用

第11章　打印电子表格

第12章　Excel 2016应用实例

第 **1** 章

初次接触Excel 2016

Excel是一款用于处理、分析数据的办公软件，被广泛应用于财务、统计、金融及日常工作的事务管理中，功能十分强大。本章将从基础开始进行介绍，帮助读者快速了解Excel 2016。

本章要点：

❖ 启动与退出Excel 2016

❖ 设置Excel 2016的工作环境

1.1 启动与退出Excel 2016

> **知识导读**
>
> Excel 2016是Microsoft Office 2016软件中的一个重要组件，也是目前办公领域普及范围比较广的数据分析、处理软件。本节将从启动与退出、认识工作界面，以及设置工作环境等方面对Excel 2016进行简单的介绍。

1.1.1 启动Excel 2016

当电脑中安装好Excel 2016程序后，可以通过多种途径启动Excel 2016程序。在Windows 10中常用的启动方法有以下几种。

❖ 单击桌面左下角的"开始"按钮，进入"开始"界面，在"所有应用"列表中找到并单击Excel 2016程序命令即可启动Excel 2016。

❖ 已为Excel 2016创建桌面快捷方式的情况下，双击桌面上的Excel 2016快捷方式图标即可快速启动Excel 2016。

❖ 已将Excel 2016程序图标锁定到任务栏的情况下，单击任务栏中的Excel 2016程序图标即可快速启动Excel 2016。

❖ 电脑中已存有Excel文件的情况下，在"此电脑"窗口中鼠标右键单击要打开的Excel文件，然后在打开的快捷菜单中单击"打开"命令，或者直接双击需要打开的Excel文件，即可在启动Excel的同时打开Excel文件。

1.1.2 认识Excel 2016的工作界面

Excel的工作界面主要包括标题栏、功能区、单元格名称框和编辑栏、工作表编辑区、状态栏等部分。其中，在功能区的各个选项卡组中，集中了绝大部分命令按钮。

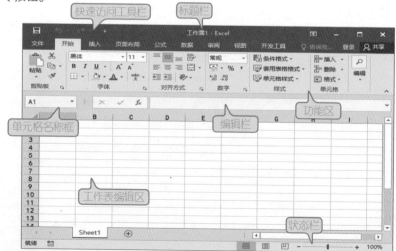

1. 标题栏

标题栏位于窗口的最上方，从左到右依次为快速访问工具栏、正在操作的文档的名称、程序的名称和窗口控制按钮。

❖ 快速访问工具栏：用于显示常用的工具按钮，默认显示的按钮有"保存"、"撤销"和"恢复"3个按钮，单击这些按钮可执行相应的操作。

❖ 窗口控制按钮：从左到右依次为"功能区显示选项"按钮、"最小化"按钮、"最大化"按钮、"向下还原"按钮（窗口最大化后显示）和"关闭"按钮，单击这些按钮就可以执行相应的操作。

2. 功能区

功能区位于标题栏下方，主要包括"文件"、"开始"、"插入"、"页面布局"、"公式"、"数据"、"审阅"、"视图"8个选项卡。

单击某个选项卡将展开相应的功能区，而每个选项卡的功能区又被细化为几个组。例如，"开始"选项卡由"剪贴板"、"字体"、"对齐方式"、"数字"和"样式"等组组成。

单击某一组中的命令按钮，可以执行该命令按钮对应的功能或打开其对应的子菜单。例如，在"开始"选项卡中，单击"对齐方式"组中的"居中"按钮，可以设置文本的水平对齐方式为"居中"。

此外，在功能区的右侧有一个"登录"链接，单击该按钮可以打开界面登录微软账户，从而使用相关的云共享功能，将文件保存为云共享文件，随时随地登录账号即可查看并编辑被共享的文件。

> **提 示**
> 在功能区的任意命令按钮上单击鼠标右键，在弹出的快捷菜单中单击"添加到快速访问工具栏"命令，即可将该命令添加到快速访问工具栏中。

3. 单元格名称框和编辑栏

单元格名称框主要用来显示单元格名称。例如，将鼠标定位到第2行和C列相交的单元格中，就可以在单元格名称框中看到该单元格的名称，即C2单元格。

编辑栏位于单元格名称框的后方，用户可以在选定单元格后直接输入数据，也可以选定单元格后通过编辑栏输入数据。在单元格中输入的数据将同步显示到编辑栏中，并且可以通过编辑栏对数据进行插入、修改以及删除等编辑操作。

4. 工作表编辑区

Excel工作窗口中间的空白网状区域即工作表编辑区。工作表编辑区主要由行号、列号、编辑区域、工作表标签以及水平和垂直滚动条组成。

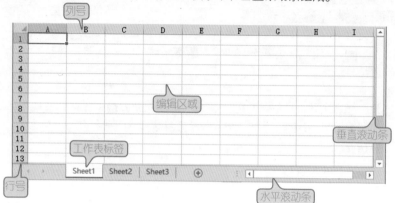

在默认情况下打开的新工作簿中只有1张工作表，被命名为"Sheet1"。如果默认的工作表数量不能满足需求，则可以单击工作表标签右则的"插入工作表"按钮⊕，快速添加一个新的空白工作表。新添加的工作表将以"Sheet2"、"Sheet3"……命名。其中白色的工作表标签表示的是当前工作表。

5. 状态栏

状态栏位于窗口底端，其中主要包含了宏录制快捷按钮，以及用来切换文档视图和缩放比例的命令按钮。

❖ 宏录制工具：▦按钮，显示当前未在录制任何宏，单击该按钮即可录制新宏；▦按钮，显示当前正在录制宏，单击该按钮即可停止录制。

❖ 视图工具：在状态栏中包含了"普通"按钮▦、"页面布局"按钮▣和"分页预览"按钮▣，单击相应的按钮即可将当前工作表切换到相应的视图状态下。

❖ 缩放比例调整工具：在文档视图切换按钮后面的即为缩放比例调整工具。单击"缩小"按钮–或"放大"按钮+，可以以10%的比例，对文档进行缩小或放大显示。

◎ 技 巧

单击状态栏中的"缩放级别"按钮**100%**，可以打开"显示比例"对话框，在其中自定义文档的缩放比例。用户也可以直接拖动缩放比例调整工具中间的滑块，调整文档缩放比例。

1.1.3 退出Excel 2016

在完成表格的编辑操作后，应将Excel 2016关闭并退出程序，以减少对系统内存的占用。正确退出Excel 2016的方法主要有以下几种。

❖ 在Excel窗口中，单击右上角的"关闭"按钮🗙关闭当前文档，重复这样的操作，直到关闭所有打开的Excel文档，方可退出Excel 2016程序。

❖ 在Excel窗口中，鼠标右键单击标题栏空白处，在弹出的窗口控制菜单中单击"关闭"命令关闭当前文档，重复这样的操作，直到关闭所有打开的Excel文档，方可退出Excel 2016程序。

❖ 在Excel窗口中，切换到"文件"选项卡，然后单击左侧窗格的"关闭"命令关闭当前文档，重复这样的操作，直到关闭所有打开的Excel文档，方可退出Excel 2016程序。

❖ 在Excel窗口中，在按住"Shift"键的同时单击右上角的"关闭"按钮🗙，可快速关闭所有打开的Excel文档，从而退出Excel 2016程序。

1.2 设置Excel 2016的工作环境

知识导读

设置Excel 2016的工作环境包括多项内容。对Excel 2016进行必要的设置后，可以使工作环境更符合个人的操作需求，同时降低由于程序故障或操作失误带来的损失，从而提高工作效率。

1.2.1 更改默认的界面颜色

Excel 2016为用户提供了彩色、深灰色和白色3种风格的界面颜色，其中彩色为默认设置。用户可以根据喜好对界面颜色进行更改。

方法为：切换到"文件"选项卡，单击"账户"命令，在"账户"界面中打开"Office主题"下拉列表框，根据需要选择一种界面颜色方案，单击即可。

1.2.2 自定义文档的默认保存路径

默认情况下，Excel文档的保存路径是"C:\Users\?\Documents"（其中"?"为当前登录系统的用户名），而在实际操作中，用户经常会选择其他保存路径。

根据操作需要，用户可将常用存储路径设置为默认保存位置，方法为：切换到"文件"选项卡，单击"选项"命令，打开"Excel选项"对话框，切换到"保存"选项卡，在"保存文档"栏的"默认本地文件位置"文本框中输入常用存储路径（如输入"E:/工作"），然后单击"确定"按钮即可。

1.2.3 修改自动保存时间间隔

在编辑表格的过程中，为了防止停电、死机等意外情况导致当前编辑的内容丢失，可以使用Excel 2016的自动保存功能，每隔一段时间自动保存一次文档，从而最大限度地避免文档内容的丢失。

在默认情况下，Excel会每隔10分钟自动保存一次文档，如果希望缩短时间间隔，可在"Excel选项"对话框中进行更改，方法为：打开"Excel选项"对话框，切换到"保存"选项卡，右侧对话框中的"保存自动恢复信息时间间隔"复选框默认为勾选状态，此时只需在右侧的微调框中设置自动保存的时间间隔，然后单击"确定"按钮即可。

1.2.4 设置"最近使用的文档"的显示数量

在默认情况下，新建一个Excel工作簿，其中含有1张工作表。如果需要制作大量含有多个工作表的工作簿，可以修改Excel的默认设置，以提高工作效率。

要更改Excel工作簿中的默认工作表个数，可在"Excel选项"对话框中进行设置，方法为：打开"Excel选项"对话框，在"常规"选项卡的"新建工作簿时"选项组中，通过"包含的工作表数"微调框设置新建工作簿时默认的工作表数目。

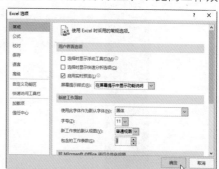

1.2.5 扩大表格的显示范围

在编辑表格的过程中，为了扩大表格编辑区的显示范围，可将功能区最小化。要将Excel 2016的功能区最小化，可通过以下几种方式实现。

❖ 单击标题栏右侧的"功能区显示选项"按钮，在弹出的快捷菜单中根据需要选择"自动隐藏功能区"或"显示选项卡"命令。

❖ 双击除"文件"选项卡外的任意选项卡。

❖ 按下"Ctrl+F1"组合键。

❖ 使用鼠标右键单击功能区的任意位置，在弹出的快捷菜单中单击"折叠功能区"命令。

当需要显示功能区时，可通过以下几种方式将其还原。

❖ 单击标题栏右侧的"功能区显示选项"按钮，在弹出的快捷菜单中单击"显示选项卡和命令"命令。

❖ 双击除"文件"选项卡外的任意选项卡。

❖ 按下"Ctrl+F1"组合键。

❖ 使用鼠标右键单击功能区的任意位置，在弹出的快捷菜单中取消"折叠功能区"命令的勾选状态。

1.2.6 自定义功能区

宏（VBA）是Excel常用的功能之一，关于宏的操作命令，都集中在"开发工具"选项卡中。在默认情况下在Excel 2016的功能区中并没有显示"开发工具"选项卡。

要对功能区进行自定义设置，例如，要显示"开发工具"选项卡，方法为：打开"Excel选项"对话框，切换到"自定义功能区"选项卡，然后在对话框右侧的"自定义功能区"下拉列表中选择"主选项卡"选项，在对应的列表框中勾选"开发工具"复选框，然后单击"确定"按钮，返回Excel窗口后即可看到功能区中显示出了"开发工具"选项卡。

1.2.7 自定义快速访问工具栏

在默认情况下，Excel的快速访问工具栏中只有"保存"、"撤销"和"恢复"3个命令按钮，根据需要用户可以将其他常用命令添加到快速访问工具栏中，或将不常用的命令按钮从快速访问工具栏中删除，方法如下。

01 打开"Excel选项"对话框	02 设置快速访问工具栏
① 单击快速访问工具栏右端的"自定义快速访问工具栏"下拉按钮 ，在打开的下接菜单中选择需要添加的命令即可。 ② 若打开的下拉菜单中，找不到需要的命令，则单击其中的"其他命令"命令，打开"Excel选项"对话框。	① 弹出"Excel选项"对话框，在"从下列位置选择命令"下拉列表框中选择要添加的命令所属的分类，然后在相应的命令列表中双击要添加的命令。 ② 完成后单击"确定"按钮，即可将该命令添加到快速访问工具栏中。

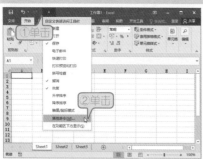

> **📶 提 示**
> 要删除快速访问工具栏中的命令按钮，则在快速访问工具栏中鼠标右键单击要删除的命令按钮，在弹出的快捷菜单中，单击"从快速访问工具栏删除"命令即可。

1.3 课后答疑

问：为什么我的Excel窗口没有正常显示出水平滚动条或垂直滚动条？

答：如果Excel窗口没有正常显示出水平滚动条或垂直滚动条，解决方法为：打开"Excel选项"对话框，切换到"高级"选项卡，在"此工作簿的显示选项"栏中勾选"显示水平滚动条"和"显示垂直滚动条"复选框，单击"确定"按钮即可。

问：怎样将常用工作簿固定到"最近使用的工作簿"栏？

答：如果电脑中的Excel文档很多，难免会遇到不记得某个工作簿位置的情况，通过将其固定在Excel的"最近使用的工作簿"栏，可快速打开该工作簿。具体方法为：在Excel操作环境下切换到"文件"选项卡，单击"打开"选项，在最近使用的工作簿栏中，单击要固定的文档右侧的"将此项目固定到列表"按钮 即可。固定后，该按钮变为 形状，单击 按钮即可取消固定。

第2章

Excel 2016的基本操作

在初步认识了Excel 2016之后，就可以开始学习基本操作了。本章将介绍Excel相关的基本操作，包括管理工作簿、工作表的基本操作、单元格的基本操作、行与列的基本操作等。

本章要点：

❖ 管理工作簿

❖ 工作表的基本操作

❖ 单元格的基本操作

❖ 行与列的基本操作

2.1 管理工作簿

知识导读

在Excel中，文档又被称为工作簿。要掌握Excel的基本操作，就得学会如何管理Excel工作簿。具体来看，工作簿的基本操作主要包括新建工作簿、保存工作簿、关闭工作簿，以及打开工作簿。

2.1.1 新建工作簿

启动Excel 2016时，程序为用户提供了多项选择，可以通过"最近使用的文档"栏快速打开最近使用过的工作簿，可以通过"打开其他工作簿"命令浏览本地计算机或云共享中的其他工作簿，还可以根据需要新建工作簿。

下面介绍新建工作簿的几种主要方法。

1. 新建空白工作簿

在Excel 2016中，如果要新建空白工作簿，可以通过以下几种方法实现。

❖ 启动Excel 2016，在打开的程序窗口中单击右侧的"空白工作簿"选项。

❖ 在桌面或"计算机"窗口等位置的空白区域单击鼠标右键，在弹出的快捷菜单中单击"新建"命令，在打开的子菜单中单击"Microsoft Excel工作表"命令。

❖ 在已打开的工作簿中，切换到"文件"选项卡，单击"新建"命令，在对应的子选项卡中单击"空白工作簿"选项。

2. 根据模板创建

在Excel 2016中为用户提供了许多工作簿模板，通过这些模板可以快速创建具有特定格式的文档。

以通过模板新建"库存列表"工作簿为例，方法如下。

01 选择模板类型

① 在Excel 2016窗口中切换到"文件"选项卡，在左侧窗格中单击"新建"命令。
② 在对应的子选项卡中单击"库存列表"模板。

02 创建工作簿

此时将弹出模板对话框，在对话框中介绍了该模板的相关信息，单击"创建"按钮，即可根据该模板创建新工作簿。

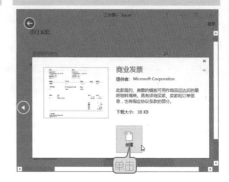

> ### 📶 提 示
>
> 在默认情况下，样本模板是有限的，如果要获得更多的工作簿模板，可以从Microsoft Office Online下载。打开"文件"选项卡的"新建"子选项卡，在"搜索联机模板"文本框中输入要获得的模板关键字，然后单击"开始搜索"按钮，在搜索结果中双击相应的模板，即可下载。

2.1.2 保存工作簿

新建一个工作簿或对工作簿进行编辑之后，一般都需要将其保存起来，以备日后使用。在保存工作簿时，用户可以根据需要选择不同的保存方式。

1. 保存新建的工作簿

新建的工作簿需要进行保存，避免丢失工作进度，造成损失。保存新建工作簿的方法如下。

01 执行保存操作

单击"快速访问工具栏"中的"保存"按钮。

02 选择保存方法

此时自动切换到"文件"选项卡的"另存为"子选项卡中，在其中可以根据需要选择将文档保存到云共享或本地计算机中，若要保存到本地计算机中，则单击"浏览"按钮。

03 保存选项设置

① 弹出"另存为"对话框，在其中设置文档的保存位置、文件名和保存类型。
② 单击"保存"按钮即可。

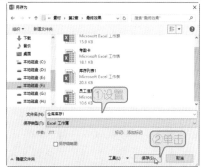

⟫ 技 巧

按下"Ctrl+S"组合键，或者切换到"文件"选项卡，单击其中的"保存"命令，也可以保存工作簿。

2. 将工作簿另存

对原有的工作簿进行修改后，需要对其执行保存操作。保存原有工作簿有两种情况，一是直接保存，二是对其进行备份保存。

直接保存会覆盖掉原来的内容，只保存修改后的内容。直接单击"快速访问工具栏"中的"保存"按钮即可。

备份保存不影响原来工作簿中的内容，是将编辑后的工作簿作为副本另行保存到电脑中。切换到"文件"选项卡，单击左侧窗格中的"另存为"命令，然后在"另存为"子选项卡中参照保存新建工作簿的方法操作即可。

2.1.3 关闭工作簿

对工作簿进行编辑并保存后，需要将其关闭以减少内存占用空间。在Excel 2016中，关闭工作簿的方法主要有以下几种。

❖ 单击标题栏右侧的"关闭"按钮。

❖ 若打开了多个工作簿，执行"关闭"操作，只能关闭当前工作簿。要一次性关闭所有的工作簿，可以在按住"Shift"键的同时，单击标题栏右侧的

"关闭"按钮。
- 鼠标右键单击标题栏任意空白处，在弹出的右键菜单中单击"关闭"命令。
- 在"文件"选项卡中，单击"关闭"命令。

2.1.4 打开已有工作簿

如果要查看或编辑已有工作簿的内容，就需要打开工作簿。常用的打开工作簿的方法主要有以下几种。

- 在"此电脑"窗口中，找到并双击要打开的工作簿文件。
- 在Excel 2016窗口中，切换到"文件"选项卡的"打开"子选项卡，在其中中选择"最近"命令，在右侧的最近使用的工作簿窗格中单击要打开的工作簿。
- 在Excel 2016窗口中，切换到"文件"选项卡的"打开"子选项卡，在其中单击"这台电脑"→"浏览"按钮，在弹出的"打开"对话框中找到并选中要打开的工作簿文件，然后单击"打开"按钮即可。
- 在登录了Office账户的情况下，在Excel 2016窗口中切换到"文件"选项卡的"打开"子选项卡，在其中单击"OneDrive"→"浏览"按钮，在弹出的"打开"对话框中找到并选中要打开的工作簿文件，然后单击"打开"按钮即可。

2.2 工作表的基本操作

> **知识导读**
>
> 工作表是由多个单元格组合而成的一个平面整体，是一个平面二维表格，一个工作簿可以包含多张工作表。在默认情况下，每个新建的工作簿中只有1张工作表，以"Sheet1"命名。

2.2.1 选择工作表

在进行新建工作表等相关操作前，一般都需要先选择某张工作表。选择工作表的方法主要有以下几种。

- ❖ 选择单个工作表：用鼠标直接单击需要选择的工作表标签，如Sheet1、Sheet2……，即可选择中相应的工作表。
- ❖ 选择全部工作表：用鼠标右键单击任一工作表标签，在弹出的快捷菜单中选择"选定全部工作表"命令。
- ❖ 选择多个连续的工作表：单击要选择的多个连续工作表的第一个工作表标签，按住"Shift"键的同时，再单击选择多个连续工作表的最后一个工作表标签，即可同时选中它们之间的所有工作表。
- ❖ 选择多个不连续的工作表：单击要选择的多个不连续工作表的第一个工作表标签，按住"Ctrl"键，再分别单击其他要选择的工作表标签即可。

2.2.2 重命名工作表

在默认情况下，工作表以Sheet1、Sheet2、Sheet3……依次命名，在实际应用中，为了区分工作表，可以根据表格名称、创建日期、表格编号等对工作表进行重命名。重命名工作表的方法主要有以下两种。

- ❖ 在Excel窗口中，双击需要重命名的工作表标签，此时工作表标签呈可编辑状态，直接输入新的工作表名称即可。
- ❖ 用鼠标右键单击工作表标签，在弹出的快捷菜单中，单击"重命名"命令，此时工作表标签呈可编辑状态，直接输入新的工作表名称即可。

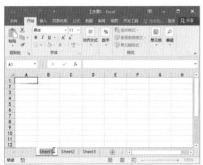
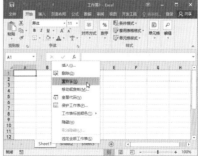

2.2.3 插入与删除工作表

在Excel 2016中，在默认情况下，一个工作簿中仅有1个工作表，这通常并不能满足用户的使用需求，往往需要插入更多的工作表。此外，在实际工作中，用户有时需要将多余的工作表删除。下面将分别进行讲解。

1. 插入工作表

在Excel 2016中插入工作表的方法主要有以下几种。

❖ 单击工作表标签栏右侧的"插入工作表"按钮➕。

❖ 按下"Shift+F11"组合键。

❖ 用鼠标右键单击某一工作表标签，在弹出的快捷菜单中单击"插入"命令，在弹出的"插入"对话框中双击"工作表"选项。

❖ 在"开始"选项卡的"单元格"选项组中单击"插入"按钮，在弹出的下拉菜单中选择"插入工作表"命令。

❖ 在按住"Shift"键的同时选中多张工作表，然后在"开始"选项卡的"单元格"组中执行"插入"→"插入工作表"命令，可一次插入多张工作表。

2. 删除工作表

在编辑工作簿时，如果工作簿中存在多余的工作表，可以将其删除。删除工作表的方法主要有以下两种。

❖ 在工作簿窗口中，用鼠标右键单击需要删除的工作表标签，在弹出的快捷菜单中执行"删除"命令即可。

❖ 选中需要删除的工作表，在"开始"选项卡的"单元格"组中，执行"删除"→"删除工作表"命令。

2.2.4 移动与复制工作表

移动与复制工作表是使用Excel管理数据时较常用的操作，主要分两种情况，即在同一工作簿内操作与跨工作簿操作。下面将分别进行介绍。

1. 在同一工作簿内操作

在同一个工作簿中移动或复制工作表的方法很简单，主要是利用鼠标拖动来操作，方法如下。

❖ 将鼠标指针指向要移动的工作表，将工作表标签拖动到目标位置后释放鼠标键即可。
❖ 将鼠标指针指向要复制的工作表，在拖动工作表的同时按住"Ctrl"键，拖至目标位置后释放鼠标键即可。

2. 跨工作簿操作

在不同的工作簿间移动或复制工作表的方法较为复杂。例如，将"库存列表1"复制并移动到"工作簿1"，方法如下。

01 打开对话框

① 同时打开"库存列表1"和"工作簿1"，在"库存列表1"工作簿中用鼠标右键单击"库存列表"标签。
② 在弹出的快捷菜单中单击"移动或复制"命令，打开"移动或复制工作表"对话框。

02 复制工作表

① 在"移动或复制工作表"对话框的"工作簿"下拉列表框中选择"工作簿1"，在"下列选定工作表之前"列表框中，选择移动后在"工作簿1"中的位置，勾选"建立副本"复选框。
② 单击"确定"按钮即可。

📶 **提 示**

如果用户只需要跨工作簿移动工作表而不需要复制工作表，则在"移动或复制工作表"对话框中不勾选"建立副本"复选框即可。

2.2.5 拆分与冻结工作表

当Excel工作表中含有大量的数据信息，窗口显示不便于用户查看时，可以拆分或冻结工作表窗格。

1. 拆分工作表

拆分工作表是指把当前工作表拆分成两个或者多个窗格，每一个窗格可以利用滚动条显示工作表的一部分，用户可以通过多个窗口查看数据信息。

拆分工作表、调整拆分窗格大小、取消拆分状态的方法如下。

01 拆分工作表

① 打开工作簿，选中目标单元格，例如D6单元格。
② 切换到"视图"选项卡，单击"窗口"组中的"拆分"按钮 ⊞。

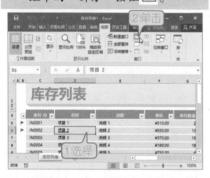

02 调整拆分窗格大小

将鼠标光标指向拆分条，当光标变为 ↔ 或 ↕ 形状时，按住鼠标左键拖动拆分条，即可调整各个拆分窗格的大小。

03 取消拆分

鼠标双击水平和垂直拆分条的交叉点，即可取消工作表的拆分状态。

技巧

将鼠标光标指向水平或垂直拆分条，光标呈 ↔ 或 ↕ 形状时，双击水平或垂直拆分条可取消该拆分条。

2. 冻结工作表

"冻结"工作表后，工作表滚动时，窗口中被冻结的数据区域不会随工作表的其他部分一起移动，始终保持可见状态，可以更方便地查看工作表的数据信息。在Excel 2016中，冻结工作表、取消冻结工作表的具体操作方法如下。

01 冻结拆分窗格

① 打开工作簿，选中目标单元格，例如D8单元格。

② 在"视图"选项卡的"窗口"组中单击"冻结窗格"→"冻结拆分窗格"命令。

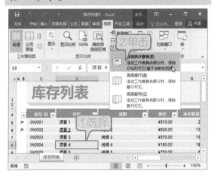

02 取消冻结窗格

① 此时拖动垂直与水平滚动条，可见首行与首列保持不变。

② 单击"冻结窗格"下拉菜单中的"取消冻结窗格"命令，即可取消冻结。

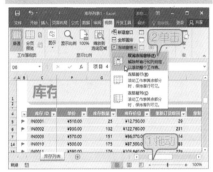

> 🔊 **提 示**
>
> 在"冻结窗格"下拉菜单中，可以看到"冻结首行"和"冻结首列"命令，执行这两项命令，可以分别冻结工作表的首行或首列。

2.2.6 保护工作表

为了防止他人浏览、修改或删除用户工作簿及其工作表，我们可以对工作簿加以保护。Excel 2016提供了各种方式限定用户查看或改变工作簿中的数据。

1. 设置打开工作簿密码

为了防止他人修改或浏览自己的工作簿，可以为工作簿设置打开密码，方法如下。

01 选择用密码进行加密

在"文件"选项卡的"信息"子选项卡中执行"保护工作簿"→"用密码进行加密"命令。

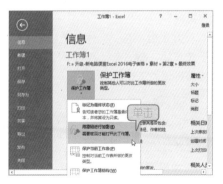

02 设置密码

① 弹出"加密文档"对话框，输入要设置的密码。

② 单击"确定"按钮。

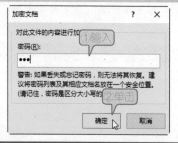

03 确认密码

① 弹出"确认密码"对话框，重新输入一遍密码。

② 单击"确定"按钮即可。

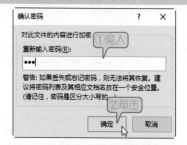

04 查看完成效果

① 为工作簿设置密码并保存之后，再次打开该工作簿时将弹出"密码"对话框，要求用户输入正确的密码。

② 单击"确定"按钮后，才能打开该工作簿。

提 示

如果要取消设置的工作簿密码，可以再次单击"用密码进行加密"命令，在弹出的"加密文档"对话框中删除设置的密码，然后单击"确定"按钮即可。

2. 设置以"只读"方式打开工作簿

如果工作簿只允许浏览而禁止修改，用户可以将工作簿的打开方式设置为"只读"。

方法为：在"文件"选项卡的"信息"子选项卡中，单击"保护工作簿"下拉按钮，然后在打开的下拉菜单中单击"标记为最终状态" 命令，选择将工作簿标记为最终状态即可。

提 示

设置完成后，标题栏将出现"只读"字样，返回工作表，可以看到出现相应的提示信息。

如果要取消设置的"只读"方式，在"信息"选项卡的"保存工作簿"下拉菜单中再次执行"标记为最终状态"命令即可。

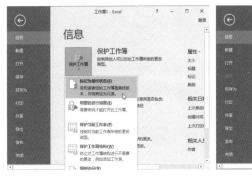 

3. 设置修改密码

将工作簿标记为最终状态后，其他用户很容易就可以取消设置的"只读"方式。因此，建议为工作簿设置修改密码，这样只有输入正确的密码才能输入工作簿内容。设置修改密码的方法如下。

01 打开"另存为"对话框	02 打开"常规选项"对话框
打开工作簿，切换到"文件"选项卡，执行"另存为"→"这台电脑"→"浏览"命令，打开"另存为"对话框。	① 在"另存为"对话框中单击"工具"下拉按钮。 ② 在打开的下拉菜单中单击"常规选项"命令，打开"常规选项"对话框。

03 设置密码	
① 在"常规选项"对话框的"修改权限密码"文本框中输入密码。 ② 单击"确定"按钮。	

04　确认密码	05　保存设置
① 弹出"确认密码"对话框，重新输入一遍密码。 ② 单击"确定"按钮。	① 返回"另存为"对话框，单击"保存"按钮。 ② 弹出"确认另存为"对话框，单击"是"按钮，替换原工作簿即可。

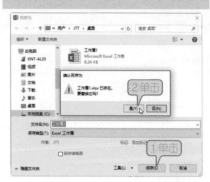

> **📶 提 示**
> 如要取消设置的密码，按照设置修改密码的方法操作，将密码设置为无（即不输入任何内容）即可。

2.2.7　更改工作表标签的颜色

当一个工作簿中存在很多工作表，不方便用户查找时，可以通过更改工作表标签颜色的方式来标记常用的工作表，使用户能够快速查找到需要的工作表。

方法为：在Excel窗口中使用鼠标右键单击需要更改颜色的工作表标签，在弹出的快捷菜单中单击"工作表标签颜色"命令，然后在展开的颜色面板中选择需要的颜色即可。

此外，如果没有合适的颜色，可以单击"其他颜色"命令，在弹出的"颜色"对话框中选择需要的颜色，选择好后单击"确定"按钮即可。

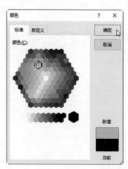

2.3 单元格的基本操作

知识导读
单元格是Excel工作表的基本元素，是Excel操作的最小单位。单元格的基本操作包括选择单元格、插入单元格、删除单元格，以及移动与复制单元格等。

2.3.1 选择单元格

在对单元格进行编辑之前首先要将其选中。选择单元格的方法有很多种，下面分别进行介绍。

❖ 选中单个单元格：将鼠标光标指向该单元格，单击即可。

❖ 选择连续的多个单元格：选中需要选择的单元格区域左上角的单元格，然后按下鼠标左键拖到需要选择的单元格区域右下角的单元格后松开鼠标左键即可。

提 示
在Excel中，由若干个连续的单元格构成的矩形区域称为单元格区域。单元格区域用其对角线的两个单元格来标识。例如，从AI到E9单元格组成的单元格区域用AI:E9标识。

❖ 选择不连续的多个单元格：按下"Ctrl"键，然后使用鼠标分别单击需要选择的单元格即可。

❖ 选择整行（列）：使用鼠标单击需要选择的行（列）序号即可。

技 巧
选中需要选择的单元格区域左上角的单元格，然后在按下"Shift"键的同时单击需要选择的单元格区域右下角的单元格，可以选定连续的多个单元格。

❖ 选择多个连续的行（列）：按住鼠标左键，在行（列）序号上拖动，选择完后松开鼠标左键即可。

❖ 选择多个不连续的行（列）：在按住"Ctrl"键的同时，用鼠标分别单击行（列）序号即可。

❖ 选中所有的单元格：单击工作表左上角的行标题和列标题的交叉处，可以快速地选中整个工作表中的所有单元格。

技 巧
按下"Ctrl+A"组合键，也可以快速选择整个工作表中所有的单元格。

2.3.2 插入单元格

在许多情况下，我们都需要在工作表中插入空白单元格。插入单元格的方法主要有以下两种。

1. 通过右键菜单插入

通过右键菜单插入单元格比较快捷，因此，在实际应用中比较常用，其具体操作方法如下。

01 打开"插入"对话框	02 设置插入位置
① 打开工作簿，选中A2单元格，使用鼠标右键单击。 ② 在弹出的快捷菜单中单击"插入"命令，打开"插入"对话框。	① 在"插入"对话框中，根据需要选择单元格插入位置，例如，选中"活动单元格右移"单选项。 ② 单击"确定"按钮即可。

2. 通过功能区插入

除了右键菜单，还可以通过"开始"选项卡中的"插入"命令插入空白单元格，具体操作方法如下。

01 打开"插入"对话框	02 设置插入位置
① 打开工作簿，选中A2单元格。 ② 在"开始"选项卡的"单元格"组中单击"插入"→"插入单元格"命令，打开"插入"对话框。	① 在"插入"对话框中，根据需要选择单元格插入位置，例如，选中"活动单元格下移"单选项。 ② 单击"确定"按钮即可。

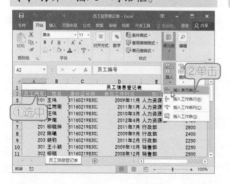

2.3.3 删除单元格

与插入单元格的方法类似，用户也可以通过右键菜单或功能区删除不需要的单元格，下面就分别对其进行介绍。

❖ 通过右键菜单删除单元格：选中需要删除的单元格或单元格区域，然后在选中部分单击鼠标右键，在弹出的快捷菜单中单击"删除"命令，在弹出的"删除"对话框中选中"右侧单元格左移"或"下方单元格上移"单选项，设置删除单元格后活动单元格的移动位置，单击"确定"按钮即可。

❖ 通过功能区删除单元格：选中需要删除的单元格或单元格区域，然后在"开始"选项卡的"单元格"组中执行"删除"→"删除单元格"命令即可。

2.3.4 移动与复制单元格

在Excel 2016中，可以将选中的单元格移动或复制到同一个工作表的不同位置、不同的工作表甚至不同的工作簿中。通常可以通过剪贴或鼠标拖动两种方式来移动或复制单元格，下面分别进行介绍。

1. 使用剪贴板

以在"员工信息登记表"工作簿中移动单元格为例，使用剪贴板移动或复制单元格的方法如下。

01 剪切单元格

① 打开工作簿，选中需要移动的单元格或区域。
② 单击"开始"选项卡的"剪贴板"组中的"剪切"按钮。

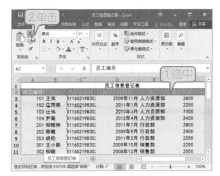

02 粘贴单元格

① 选中要移动到的目标位置。
② 单击"剪贴板"组中的"粘贴"按钮即可。

要复制单元格，则选中要复制的单元格或区域，单击"剪贴板"组中的"复制"按钮，再在目标位置单击"粘贴"按钮即可。

需要注意的是，执行"粘贴"时系统默认为粘贴值和源格式。如果要选择其他粘贴方式，可以通过以下两条途径进行。

❖ 在执行"粘贴"操作时，单击"粘贴"按钮下方的下拉按钮，在弹出的下拉列表中可以选择不同的粘贴方式。

❖ 在执行"粘贴"操作后，在粘贴内容的右下方会显示出一个粘贴标记，单击此标记会弹出一个下拉菜单，用以选择不同的粘贴方式。

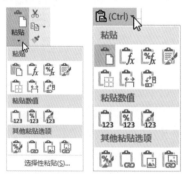

提 示

对单元格区域移动或复制，粘贴内容时只需要选定要粘贴区域内左上角的第一个单元格，Excel 2016会自动将选中的内容移动或复制到其他对应的单元格内。

2. 使用鼠标拖动

用户还可以使用鼠标移动或复制单元格，但这种方法比较适用于源区域与目标区域相距较近时。

使用鼠标移动单元格的方法为：在工作簿中选中需要移动的单元格，将光标指向该单元格的边缘，当鼠标光标变为形状时按下鼠标左键拖动，此时会有一个线框指示移动的位置，将线框拖动到达目标位置，释放鼠标左键即可。

此外，需要复制单元格时，则选中要复制的单元格，在按住"Ctrl"键的同时拖动鼠标到目标位置，然后释放鼠标左键即可。

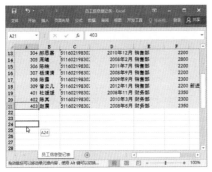 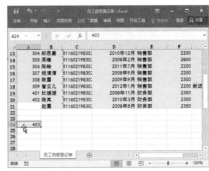

2.3.5 合并与拆分单元格

合并单元格是将两个或多个单元格合并为一个单元格，在Excel中，这是一个非常常用的功能。

选中要合并的单元格区域，单击"开始"选项卡的"对齐方式"组中的"合并后居中"按钮旁的下拉按钮▼，在弹出的下拉菜单中选择相应的命令，即可合并或拆分单元格。

下拉菜单的各命令的具体含义如下。

* ❖ "合并后居中"命令：将选择的多个单元格合并为一个大的单元格，并且将其中的数据自动居中显示。

* ❖ "跨越合并"命令：选择该命令可以将同行中相邻的单元格合并。

* ❖ "合并单元格"命令：选择该命令可以将单元格区域合并为一个大的单元格，与"合并后居中"命令类似。

* ❖ "取消单元格合并"命令：选择该命令可以将合并后的单元格拆分，恢复为原来的单元格。

2.4 行与列的基本操作

知识导读

在对表格进行编辑的过程中，经常需要对行和列进行操作，以满足编辑要求。行与列的基本操作包括设置行高和列宽、插入行或列、删除行或列等。

2.4.1 设置行高和列宽

在默认情况下，行高与列宽都是固定的，当单元格中的内容较多时，可能无法将其全部显示出来，这时就需要设置单元格的行高或列宽。

1. 设置精确的行高与列宽

在Excel 2016中，用户可以根据需要设置精确的行高与列宽，方法为：在工作簿中选中需要调整的行或列，并用鼠标右键单击，在弹出的快捷菜单中单击"行高"（列宽）命令，打开"行高"（列宽）对话框，输入精确的行高（列宽）值，然后单击"确定"按钮即可。

2. 通过鼠标拖动的方式设置

用户还可以通过鼠标拖动来手动调整行高或列宽。用户只需将鼠标光标移至行号或列标的间隔线处，当鼠标光标针变为"✛"或者"✛"形状时按住鼠标左键不放，拖动到合适的位置后释放鼠标左键即可。

2.4.2 插入行或列

一个工作表创建之后并不是固定不变的，用户可以根据实际情况重新设置工作表的结构。例如，根据实际情况插入行或列，以满足使用需求。

1. 通过右键菜单插入

在Excel 2016中，用户可以通过右键菜单插入行或列，方法为：用鼠标右键单击要插入行所在行号，在弹出的右键菜单中执行"插入"命令即可。

完成后将在选中行上方插入一整行空白单元格。

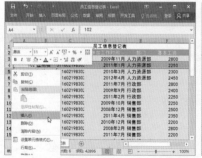 

同理，用鼠标右键单击某个列标，在弹出的右键菜单中执行"插入"命令，可以插入一整列空白单元格。

2. 通过功能区插入

在Excel 2016中，还可以通过功能区插入行或列，方法为：选中要插入行所在行号，在"开始"选项卡的"单元格"组执行"插入"→"插入工作表行"命令。

完成后将在选中行上方插入一整行空白单元格。

> **提 示**
>
> 先选中多行或多列单元格，然后执行"插入"命令，可以一次性快速插入多行或多列。

2.4.3 删除行或列

在Excel 2016中除了可以插入行或列，还可以根据实际需要删除行或列。删除行或列的方法与删除单元格的方法相似，主要有以下两种。

❖ 选中想要删除的行或列，单击鼠标右键，在弹出的右键菜单中执行"删除"命令即可。

❖ 选中想要删除的行或列，在"开始"选项卡的"单元格"组中执行"删除工作表行"或"删除工作表列"命令即可。

2.4.4 隐藏或显示行与列

用户在编辑工作表时，除了可以在工作表中插入或删除行和列，还可以根据需要隐藏或显示行和列。

1. 隐藏行和列

如果工作表中的某行或某列暂时不用，或是不愿意让别人看见，可以将这些行或列隐藏。

隐藏指定行或列的方法为：选中要隐藏的行或列，并在选中部分单击鼠标右键，在弹出的右键菜单中执行"隐藏"命令即可。

2. 显示行和列

用户如果想取消隐藏，即重新显示被隐藏的行或列，需要先选中被隐藏的行或列邻近的行或列。

例如，这里要重新显示被隐藏的C列，需要先选中B列和D列，然后单击鼠标右键，在弹出的右键菜单中执行"取消隐藏"命令即可。

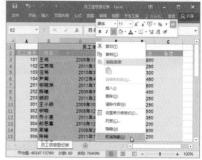

2.5 课堂练习

练习一：制作考勤卡

▶ **任务描述：**

本节将制作一张"考勤卡"，目的在于使用本章所学的知识，在实践中熟练掌握Excel 2016的基本操作。

员工	张某某		经理：	王二	
[地址行 1]	重庆市江北区建新东路XX号		员工电话：	12345678900	
[地址行 2]	重庆市渝中区XX路1234号		员工电子邮件：	XX@qq.com	
[邮编]	400000				
周末：	2016/6/15				

时间	日期	正常工作时数	加班时数	病假	带薪假	总计
星期一	2016/6/9	8.00				8.00
星期二	2016/6/10	8.00				8.00
星期三	2016/6/11	8.00				8.00
星期四	2016/6/12	8.00				8.00
星期五	2016/6/13			8.00		8.00
星期六	2016/6/14		4.00			4.00
星期天	2016/6/15		4.00			4.00
总工时		32.00	8.00	8.00		48.00
计时工资		¥ 20.00	¥ 30.00	¥ -		
工资总额		¥ 640.00	240.00	¥ -	¥ -	880.00
		员工签名				日期
		经理签名				日期

▶ **操作思路：**

01 根据Excel提供的"考勤卡"模板，新建一个"考勤卡"工作簿。

02 按照最终效果文件输入表格内容。

03 根据需要调整行高与列宽，删除多余的行或列。

练习二：制作生产记录表

▶ **任务描述：**

本节将制作一个"生产记录表"，目的在于使用本章所学的知识，在实践中熟练掌握Excel 2016的基本操作。

编号	产品名称	生产数量	单位	生产车间	生产日期	备注
	XX香公司生产记录表					
CQSP0001	泡椒凤爪	2500	袋	一车间	2016年3月10日	
CQSP0002	五香凤爪	2500	袋	二车间	2016年5月4日	
CQSP0003	泡椒豆干	2000	袋	一车间	2016年1月21日	
CQSP0004	五香豆干	2000	袋	二车间	2016年9月13日	
CQSP0005	麻辣豆干	2000	袋	三车间	2016年8月14日	
CQSP0006	麻辣素鸡	2300	袋	三车间	2016年7月8日	
CQSP0007	五香牛肉干	3000	袋	二车间	2016年4月16日	
CQSP0008	川味牛肉干	1800	袋	四车间	2016年9月17日	
CQSP0009	香浓卤牛肉	2000	袋	二车间	2016年8月30日	

▶ **操作思路：**

01 新建一个名为"生产记录表"的工作簿。

02 按照最终效果文件输入表格内容。

03 根据需要调整行高与列宽。

04 根据需要合并单元格。

2.6 课后答疑

问：怎样给工作表设置最适合的行高？

答：在Excel 2016中可以根据单元格内容设置最合适的行高或列宽，方法为：选中要调整行高或列宽的行或列，在"开始"选项卡的"单元格"组中执行"格式"→"自动调整行高"命令（或"自动调整列宽"命令）即可。

问：如何隐藏工作表标签？

答：在保留一张可视工作表标签的情况下，可以隐藏工作簿中多余的工作表标签，方法为：用鼠标右键单击要隐藏的工作表标签，在弹出的右键菜单中执行"隐藏"命令即可。

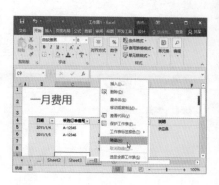

问：如何转置表格的行与列？

答：在Excel中，选中数据区域，按下"Ctrl+C"组合键复制，然后在工作表空白处进行选择性粘贴，利用其中的"转置"功能，就能让数据表格实现行列互换的操作。复制好数据区域后，进行转置粘贴的方法有两种：

❖ 执行"选择性粘贴"命令：在"开始"选项卡中执行"粘贴"→"选择性粘贴"命令，或者在右键快捷菜单中执行"选择性粘贴"→"选择性粘贴"命令，或者按下"Ctrl+Alt+V"组合键，都可以打开"选择性粘贴"对话框，在其中勾选"转置"复选框，然后确认设置，即可实现转置粘贴。

❖ 通过单击"粘贴选项"按钮：直接将数据粘贴到工作表的空白处，此时粘贴区域右下角出现"粘贴选项"按钮 (Ctrl)，单击该按钮打开"粘贴选项"菜单，单击其中的"转置粘贴"按钮，即可实现转置粘贴。

第 3 章

数据的输入与编辑

要进行Excel表格制作和数据分析，输入数据是第一步。本章将详细介绍在Excel中高效地输入数据，导入外部数据，查找与替换数据，以及使用单元格批注等相关知识。

本章要点：

❖ 输入表格数据
❖ 自动填充数据
❖ 修改表格数据
❖ 导入外部数据
❖ 为单元格添加批注
❖ 为查找与替换数据

3.1　输入表格数据

知识导读

在表格中输入数据是使用Excel时必不可少的操作。输入表格数据包括输入普通数据、输入特殊数据、输入特殊符号等。

3.1.1　输入普通数据

在Excel表格中，常见的数据类型有文本、数字、日期和时间等，输入不同的数据类型，其显示方式将不相同。在默认情况下，输入文本的对齐方式为左对齐，输入数字的对齐方式为右对齐，输入的日期与时间若不是Excel中的日期与时间数据类型，Excel将不能识别其显示结果。

1.　输入文本

文本是Excel表格中重要的数据类型，它可以用来说明表格中的其他数据。在表格中输入文本的常用方法有三种：选择单元格输入、双击单元格输入和在编辑栏中输入。

❖ 选择单元格输入：选择需要输入文本的单元格，然后直接输入文本，完成后按"Enter"键或单击其他单元格即可。

❖ 双击单元格输入：双击需输入文本的单元格，将光标插入其中，然后在单元格中输入文本，完成后按"Enter"键或单击其他单元格即可。

❖ 在编辑栏中输入：选择单元格，然后在编辑栏中输入文本，单元格也会跟着自动显示输入的文本。

2.　输入数字

数字是Excel表格中最重要的组成部分。在单元格中输入普通数字的方法与输入文本的方法相似，即选择单元格，然后输入数字，完成后按"Enter"键或单击其他单元格即可。

> **提示**
>
> 在单元格中输入数据后，按"Tab"键，可以自动将光标定位到所选单元格右侧的单元格中。例如，在"C1"中输入数据后，按下"Tab"键，光标将自动定位到"D1"单元格中。

3. 输入日期和时间

用户在输入日期和时间时，可以直接输入一般的日期和时间格式，也可以通过设置单元格格式输入多种不同类型的日期和时间格式。

（1）输入时间

如果要在单元格中输入时间，可以以时间格式直接输入，如输入"15:30:00"。在Excel中，系统默认按24小时制输入，如果要按照12小时制输入，就需要在输入的时间后加上"AM"或者"PM"字样表示上午或下午。

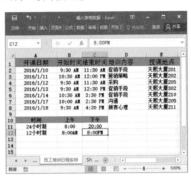

（2）输入日期

输入日期的方法为：在年、月、日之间用"/"或者"-"隔开。例如，在A2单元格中输入"16/1/10"，按下"Enter"键后就会自动显示为日期格式"2016/1/10"。

（3）设置日期或时间格式

如果要使输入的日期或时间以其他格式显示，例如，输入日期"2016/1/10"后自动显示为2016年1月10日，就需要设置单元格格式，方法如下。

01 打开对话框

① 打开工作簿，选中A2:A8单元格区域，使用鼠标右键单击。
② 在弹出的快捷菜单中单击"设置单元格格式"命令，打开"设置单元格格式"对话框。

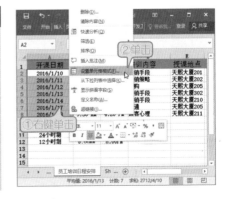

02 设置单元格格式

① 弹出"设置单元格格式"对话框,在"数字"选项卡中单击"日期"选项。

② 在右侧的"类型"列表框中选择一种日期格式,如"*2012年3月14日"选项。

③ 单击"确定"按钮。

03 查看完成效果

返回工作表,可以看到先前输入的日期自动显示为如"2016年1月10日"的格式。

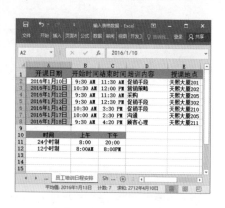

> 📎 **提 示**
>
> 打开"设置单元格格式"对话框,在"数字"选项卡中单击"时间"选项,在右侧的"类型"列表框中可以选择时间的显示样式。

3.1.2 输入特殊数据

在Excel中,一些常规的数据可以在选中单元格后直接输入,而要输入"0"开头的数据、身份证号码和分数等特殊数据,就需要使用特殊的方法。

❖ 输入以"0"开头的数据:在默认情况下,在单元格中输入"0"开头的数据时,Excel会把它识别成数值型数据,而直接省略前面的"0"。例如,在单元格中输入序号"001",Excel会自动将其转换为"1"。此时,只需要在数据前加上英文状态下的单引号就可以输入了。

❖ 输入身份证号码:Excel的单元格中默认显示11个字符,如果输入的数值超过11位,则使用科学计数法来显示该数值。由于身份证号码一般都是18位,因此,如果直接输入,就会变成科学计数格式,形如 1.23456E+17 。正确的方法是在身份证号码前面加一个英文状态下的单引号,然后再输入。

> 📶 **提 示**
>
> 在数据前加单引号，然后输入数据，按下"Enter"键后，在单元格的前面将出现一个蓝色的标记，此标记表示该单元格中的数据是以文本形式存储的数字。

❖ 输入分数：在默认情况下，在Excel中不能直接输入分数，系统会将其显示为日期格式。例如，输入分数"3/4"，确认后将会显示为日期"3月4日"。如果要在单元格中输入分数，需要在分数前加一个"0"和一个空格。

	A	B	C	D
1	输入	3/4	结果	3月4日
2		0 3/4		3/4

3.1.3 输入特殊符号

在制作表格时有时需要插入一些特殊符号，如▲、＊和★等。这些符号有些可通过键盘输入，有些却无法在键盘上找到与之匹配的键位，此时可通过Excel的插入符号功能输入。

例如，在"员工信息登记"中，员工"王伟"还处于试用期，为便于区分，在"备注"列中输入一个特殊符号，方法如下。

01 打开"符号"对话框

① 打开工作簿，选中G2单元格。

② 切换到"插入"选项卡，单击"符号"组中"符号"按钮。

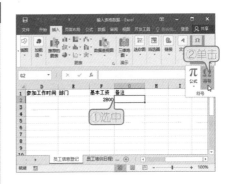

02　插入符号

① 弹出"符号"对话框，在其中找到需要的符号后双击，插入符号。

② 完成后单击"关闭"按钮关闭该对话框。

03　查看完成效果

返回工作表，即可看到插入的特殊符号。

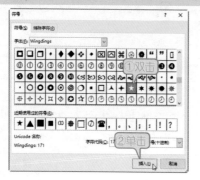

提　示

如果要插入长画线、商标、小节和段落等特殊字符，则可以打开"符号"对话框，切换到"特殊字符"选项卡，在其中找到并双击需要的字符，然后关闭"符号"对话框即可。

3.2　自动填充数据

知识导读

在Excel中输入数据时，可以通过填充柄功能自动填充数据，帮助用户提高工作效率，包括快速填充数据、输入等差序列、输入等比序列、自定义填充序列等。

3.2.1　快速填充数据

在选择单元格或单元格区域后，所选对象四周会出现一个黑色边框的选区，该选区的右下角会出现一个填充柄，鼠标光标移至其上时会变为 ➕ 形状，此时用鼠标左键拖动填充柄，即可在拖动经过的单元格区域中快速填充相应的数据。

1.　拖动填充柄输入相同的数据

在编辑表格的过程中，有时需要在多个单元格中输入相同的数据，此时可以通过拖动单元格右下角的填充柄来快速输入，方法如下。

01 拖动填充柄

① 打开工作簿，选中E2单元格。

② 将鼠标光标移到单元格右下角的填充柄上，鼠标光标将变为 ✚ 形状，按住鼠标左键不放，拖动至所需位置。

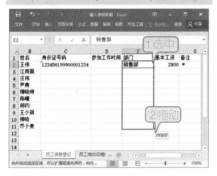

02 释放鼠标左键

释放鼠标左键，即可在E3到E11单元格区域中输入相同的数据。

2. 拖动填充柄输入有规律的数据

在制作表格时经常需要输入一些相同的或有规律的数据，手动输入这些数据既费时，又费力。为了提高工作效率。可以通过拖动填充柄快速输入，方法如下。

01 输入起始数据

在工作簿中设置好起始数据，例如，在A2单元格中输入起始数据"001"，在A3单元格中输入"002"。

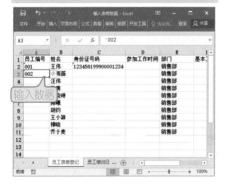

02 拖动填充柄

① 选中A2:A3单元格区域。

② 将鼠标光标移到A3单元格右下角的填充柄上，当鼠标光标变为 ✚ 形状时，按住鼠标左键不放并拖动至需要的位置。

03　释放鼠标左键

释放鼠标左键，即可在A4到A11单元格中快速输入员工编号。

提示

拖动填充柄填充数据时，填充区域右下角会出现一个"自动填充选项"按钮，该按钮向用户提供了"复制单元格"、"填充序列"、"仅填充格式"、"不需格式填充"等选择。

3.2.2　输入等差序列

在制作表格时，有时需要输入等差数列数据。在Excel中输入这类数据的方法主要有两种，一是通过拖动填充柄输入，二是通过"序列"对话框输入。下面将分别进行介绍。

1.　拖动填充柄输入

在Excel中通过填充柄可以快速输入序列。下面以在工作表中输入"3、6、9"格式的等差序列为例进行介绍，方法如下。

01　输入起始数据

在工作簿的A3:A5单元格区域中依次输入具有等差规律的前几个数据，如"3、6、9"。

02　输入等差序列

① 选中A3:A5单元格区域。
② 按住鼠标左键拖动填充柄至所需单元格，释放鼠标左键即可。

2.　通过"序列"对话框输入

通过"序列"对话框，只需输入第一个数据便可达到快速输入有规律数据的目的。以输入如"1、4、7"格式的等差序列为例，方法如下。

01 输入起始数据

① 打开工作簿，在B3单元格中输入等差序列的起始数据，如"1"。
② 选中需要输入等差序列的单元格区域，如B3:B10单元格区域。

02 打开"序列"对话框

在"开始"选项卡的"编辑"组中执行击"填充"→"序列"命令，打开"序列"对话框。

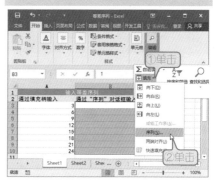

03 设置参数

① 在"序列"对话框的"序列产生在"栏中选择"列"单选项，在"类型"栏中选择"等差序列"单选项，在"步长值"数值框中输入步长值，如输入"3"。
② 单击"确定"按钮即可。

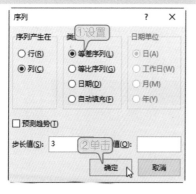

04 查看完成效果

返回工作表，即可看到在B3:B10单元格区域中输入了"1，4，7……"格式的等差序列。

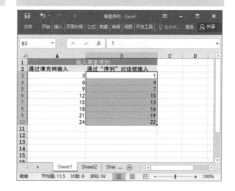

3.2.3 输入等比序列

所谓等比序列数据，是指成倍数关系的序列数据，如"2，4，8，16……"，快速输入此类序列数据的方法如下。

01 输入起始数据

① 在工作簿中输入起始数据，例如，在A2和A3单元格中输入具有等比规律的前两个数据，如"2，4"。
② 选中输入了起始数据的A2:A3单元格区域。

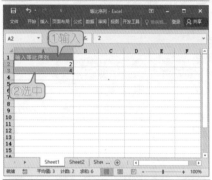

02 填充等比序列

① 按住鼠标右键拖动填充柄至所需的单元格，如A9单元格，释放鼠标左键。
② 弹出快捷菜单，单击"等比序列"命令。

03 查看完成效果

此时，在所选的单元格区域中即可看到快速填充的等比序列数据。

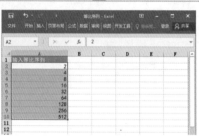

在Excel中除了可以填充数字序列，还可以填充日期序列，方法与填充数字序列一样。在表3-1中列出了初始值及由此生成的相应序列。

表3-1 初始值与扩展序列

初始值	扩展序列
8:00	9:00 10:00 11:00
Mon	Tue Wed Thu
星期一	星期二 星期三 星期四
Jan	Feb mar apr
一月、四月	七月 十月 一月
Jan-96，Apr-96	Jul-96 Oct-96 Jan-97
1998,1999	2000 2001 2002
1月15日，4月15日	7月15日 10月15日 1月15日

3.2.4 自定义填充序列

如果需要经常使用某个数据序列，可以将其创建为自定义序列，之后在使用时拖动填充柄便可快速输入。添加自定义填充序列的方法有两种，一是通过工作表中的现有数据项添加，二是通过临时输入的方法添加，下面分别进行介绍。

1. 通过工作表中的现有数据项添加

如果在工作表中已经输入数据序列项，可以直接引用来创建自定义填充序列，方法如下。

01 输入自定义序列

打开工作簿，在工作表中输入自定义序列。

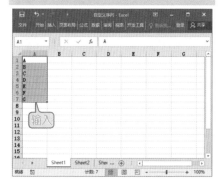

02 打开"选项"对话框

选中工作表中的自定义序列，在"文件"选项卡左侧执行"选项"命令，打开"选项"对话框。

03 打开"自定义序列"对话框

① 在"Excel选项"对话框中切换到"高级"选项卡。
② 在"常规"栏中单击"编辑自定义列表"按钮。

04 导入自定义序列

① 在"自定义序列"对话框中单击"导入"按钮，将自定义序列导入到"输入序列"列表中。
② 单击"确定"按钮。

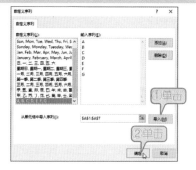

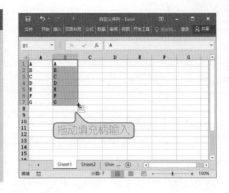

05 查看完成效果

① 返回"Excel 选项"对话框中单击"确定"按钮。

② 返回工作表,输入序列初始数据后即可利用填充柄快速填充自定义序列。

2. 通过临时输入的方法添加

如果当前工作表中没有要添加的自定义填充序列的数据项,可以在"自定义序列"对话框中通过输入的方法来添加。

01 输入自定义序列

① 打开"自定义序列"对话框,在"输入序列"列表框中输入需要的自定义填充序列项目,各项目之间按"Enter"键隔开。

② 输入完成后单击"添加"按钮。

③ 然后连续单击"确定"按钮确认即可。

02 查看完成效果

设置完成后,在工作表中输入序列初始数据后,即可利用填充柄快速填充序列。

📎 注 意

在Excel中,用户可以对自定义序列进行编辑和删除操作,但不能编辑或删除系统内置的序列。

3.3 修改表格数据

3.3.1 修改单元格中的部分数据

对于比较复杂的单元格内容，如公式，很可能遇到只需要修改很少一部分数据的情况，此时可以通过下面两种方法进行修改。

❖ 双击需要修改数据的单元格，单元格处于编辑状态，此时将鼠标光标定位在需要修改的位置，将错误字符删除并输入正确的字符，输入完成后按"Enter"键确认即可。

❖ 选中需要修改数据的单元格，将鼠标光标定位在"编辑栏"中需要修改的字符位置，然后将错误字符删除并输入正确的字符，输入完成按"Enter"键确认即可。

提 示

在修改数据时，关闭"NumLock"指示灯，然后按下"Insert"键，可以在"插入"模式和"改写"模式间进行转换。

3.3.2 修改全部数据

对于只有简单数据的单元格，我们可以修改整个单元格内容。方法为：选中需要重新输入数据的单元格，在其中直接输入正确的数据，然后按下"Enter"键确认，Excel将自动删除原有数据而保留重新录入的数据。

此外，若双击需要修改的单元格，鼠标光标将定位在该单元格中，此时需要将原单元格中的数据删除后才能进行输入。

3.3.3 撤销与恢复数据

在对工作表进行操作时，可能会因为各种原因导致表格编辑错误，此时可以使用撤销和恢复操作轻松纠正过来。

1. 撤销操作

撤销操作是让表格还原到执行错误操作前的状态。方法很简单，在执行了错误的操作之后，单击"快速访问工具栏"中的"撤销"按钮，即可撤销上一步操作。

　　若表格编辑步骤很多，在执行撤
销操作时，单击"撤销"按钮旁边的下
拉按钮，然后在打开的下拉菜单中单击
需要撤销的操作，可以快速撤销多个操
作。

2. 恢复操作

　　恢复操作就是让表格恢复到执行撤销操作前的状态。

　　只有执行了撤销操作后，"恢复"按钮 才会变成可用状态。恢复操作的方法和撤销操作类似，单击"快速访问工具栏"中的"恢复"按钮 即可。

　　若表格编辑步骤很多，在执行恢复操作时，单击"恢复"按钮旁边的下拉按钮，然后在打开的下拉菜单中单击需要恢复的操作，可以快速恢复多个操作。

3.4　导入外部数据

知识导读
除了手动输入数据，还有一个重要的录入数据的方式就是在Excel表格中导入外部数据，包括导入文本数据和导入网站数据。

3.4.1　导入文本数据

　　下面举一个简单的例子讲解导入文本数据的方法。例如，将"预约记录"文本文件导入Excel工作表，方法如下。

01　打开"导入文本文件"对话框	02　选择导入的文件
打开要导入文本数据的Excel工作表，在"数据"选项卡的"获取外部数据"组中单击"自文本"按钮，打开"导入文本文件"对话框。	① 在"导入文本文件"对话框中，选中要导入的文本文件。 ② 单击"导入"按钮。

03 文本导入第1步

① 弹出"文本导入导向-第1步，共3步"对话框，在"请选择最合适的文件类型"栏中选择"分隔符号"单选项。

② 单击"下一步"按钮。

04 文本导入第2步

① 弹出"文本导入导向-第2步，共3步"对话框，在"分隔符号"栏中勾选"Tab 键"复选框。

② 单击"下一步"按钮。

05 文本导入第3步

① 弹出"文本导入导向-第3步，共3步"对话框，在"列数据格式"栏中选择"常规"单选项。

② 单击"完成"按钮。

06 设置数据放置位置

① 弹出"导入数据"对话框，选择"现有工作表"单选项，在相应的文本框中设置导入数据的放置位置。

② 单击"确定"按钮。

07 查看完成效果

返回工作表，可以看到系统将文本文件中的数据以空格分隔导入到工作表中。

3.4.2 导入网站数据

　　想要及时、准确地获取需要的数据，就不能忽略掉网络资源。在国家统计局等专业网站上，我们可以轻松获取网站发布的数据，如产品报告、销售排行、股票行情、居民消费指数等。

　　下面将国家统计局发布的"50个城市主要食品平均价格变动情况（2016年8月21-30日）"数据导入Excel工作表，方法如下。

01　打开"新建Web查询"对话框

在电脑连接了Internet网络的情况下，打开要导入网站数据的Excel工作表，切换到"数据"选项卡，在"获取外部数据"组中单击"自网站"按钮，打开"新建Web查询"对话框。

02　选定表格

① 弹出"新建Web查询"对话框，在地址栏中输入要导入数据的网址。
② 单击"转到"按钮进入相应页面。
③ 单击表格前的 ➡ 按钮，使其图标变为 ☑ 形状，选定表格。

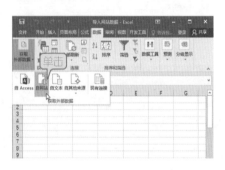

03　设置数据放置位置

① 单击"导入"按钮，弹出"导入数据"对话框，选择"现有工作表"单选项，在相应的文本框中设置导入数据的放置位置。
② 单击"确定"按钮即可。

04　查看完成效果

返回工作表，可以看到系统自动将所选网站数据导入到工作表中。

3.4.3 刷新导入的网站数据据

如果要刷新导入到Excel中的网站数据，不用打开网页也可以实现，其方法有以下几种。

❖ 即时刷新：打开导入了网站数据的工作表，在"数据"选项卡的"连接"组中执行"全部刷新"→"刷新"命令即可；或者选中导入的网站数据所在区域中的任意一个单元格，使用鼠标右键单击，在弹出的右键菜单中执行"刷新"命令。

❖ 定时刷新：选中导入的网站数据所在区域中任意一个单元格，并使用鼠标右键单击，在弹出的右键菜单中执行"数据范围属性"命令，打开"外部数据区域属性"对话框，勾选"刷新频率"复选框，设置数据刷新的间隔时间，即可定时刷新数据；勾选"打开文件时刷新数据"复选框，即可在打开Excel文件时自动刷新数据。

> ∿ **提 示**
>
> 如果导入数据后又对文本文件中的数据进行了修改，可以在工作表中单击"数据"选项卡"连接"组中的"全部刷新"按钮，然后在打开的"导入文本文件"对话框中选中修改过的文本文件，单击"打开"命令，刷新数据。

3.5 为单元格添加批注

> **知识导读**
>
> 批注是附加在单元格中的，它是对单元格内容的注释。使用批注可以使工作表的内容更加清楚明确，其操作包括添加批注、编辑与删除批注等。

3.5.1 添加批注

以"员工信息登记表"为例，员工王伟还在试用期，在相应的备注栏中输入了特殊符号加以区分，为了让其他用户明白备注的含义，可以为该单元格添加批注，方法如下。

01 插入批注

① 打开工作簿，用鼠标右键单击要添加批注的单元格，如G2单元格。
② 弹出快捷菜单，单击"插入批注"命令。

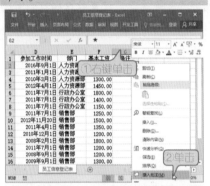

02 输入批注内容

此时G2单元格中的批注显示出来并处于可编辑状态，可以根据需要输入批注内容进行编辑。

03 查看完成效果

① 输入完毕后，单击工作表中的其他位置，即可退出批注的编辑状态。
② 由于在默认情况下批注为隐藏状态，在添加了批注的单元格的右上角会出现一个红色的小三角。将鼠标光标指向单元格右上角的红色小三角，就可以查看被隐藏的批注。

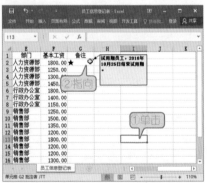

3.5.2 编辑与删除批注

添加批注之后，根据需要有时要对其进行修改或删除操作。下面将分别介绍编辑批注与删除批注的方法。

1. 编辑批注

在实际使用电子表格的过程中，批注的内容并不是固定不变的，在输入内容之后用户可能会需要对其进行修改。编辑批注的方法如下。

① 打开工作簿，用鼠标右键单击需要修改批注的单元格，如G2单元格。
② 弹出快捷菜单，单击"编辑批注"命令。

此外，在编辑批注的过程中有时需要复制批注。方法为：选中要复制的批注所在的单元格，按下"Ctrl+C"组合键复制批注，然后选中目标位置如G5单元格，按下"Ctrl+Alt+V"组合键打开"选择性粘贴"对话框，在"粘贴"栏中选中"批注"单选项，然后单击"确定"按钮。

2. 删除批注

如果某个单元格中的批注不再有用，可以将其删除。以删除"员工信息登记表"中G5单元格多余批注为例，方法为：在工作簿中，用鼠标右键单击需要删除批注的单元格，如G5单元格，在打开的右键菜单中执行"删除批注"命令，返回工作表，即可看到该单元格中的批注被删除。

① 此时G2单元格中的批注显示出来，并处于可编辑状态，可根据实际情况输入批注内容进行编辑。
② 输入完毕后，单击工作表中的其他位置，即可退出批注的编辑状态。

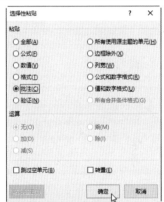

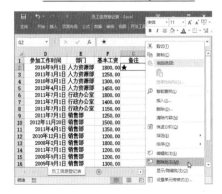

3.5.3 隐藏与显示批注

在默认情况下，在Excel中插入的批注为隐藏状态，要查看被隐藏的批注，需要将光标指向批注所在单元格右上角的红色小三角。根据需要，用户可以将批注设置为始终显示。

方法为：选中批注所在单元格，用鼠标右键单击，在弹出的快捷菜单中单击"显示/隐藏批注"命令即可设置显示被隐藏的批注，或隐藏始终显示的批注。

3.6 查找与替换数据

知识导读

数据量较大的工作表中，若想手动查找并替换单元格中的数据是非常困难的，而Excel的查找和替换功能能够帮助用户快速进行相关操作。包括查找数据、替换数据等。

3.6.1 查找数据

利用Excel提供的查找功能可方便地查找到需要的数据，以提高工作效率。通过查找功能查找数据的方法如下。

01　打开"查找和替换"对话框	**02　查找数据**
① 在"开始"选项卡的"编辑"组中单击"查找和选择"下拉按钮。② 在打开的下拉菜单中单击"查找"命令，打开"查找和替换"对话框。	① 在"查找和替换"对话框的"查找"选项卡的"查找内容"文本框中输入要查找的内容。② 单击"查找下一个"按钮。

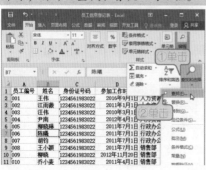

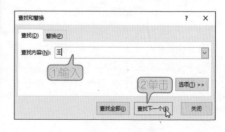

03	继续查找

此时,系统会自动选中符合条件的第一个单元格,如果需要查找的不是该单元格内容,则再次单击"查找下一个"按钮继续查找。

04	查找全部

此外,单击"查找全部"按钮,将在"查找和替换"对话框的下方显示出符合条件的全部单元格信息。

3.6.2 替换数据

如果要对工作表中查找到的数据进行修改,可以使用"替换"功能。通过该功能可以快速地将符合某些条件的内容替换成指定的内容,以替换"行政办公室"为"行政部"为例,方法如下。

01	打开"查找和替换"对话框

① 在"开始"选项卡的"编辑"组中单击"查找和选择"下拉按钮。
② 在打开的下拉菜单中单击"替换"命令,打开"查找和替换"对话框。

02	查找要替换的数据

① 弹出"查找和替换"对话框,在"替换"选项卡的"查找内容"文本框中输入要查找的内容,在"替换为"文本框中输入要替换的内容。
② 单击"查找下一个"按钮。

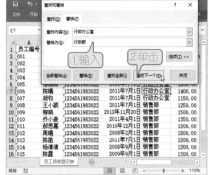

03 替换数据

① 此时系统会自动地选中符合条件的第一个单元格,如果需要替换的不是该单元格内容,则继续单击"查找下一个"按钮查找。

② 如果要替换该单元格的内容,则单击"替换"按钮即可。

3.6.3 批量修改多个单元格数据

当工作表中出现大量的相同错误时,一个一个修改效率太低,我们可以通过Excel提供的替换功能快速替换这些错误数据,方法如下。

01 批量替换数据

① 在工作表中打开"查找和替换"对话框,在"替换"选项卡的"查找内容"文本框中输入要修改的内容,在"替换为"文本框中输入要替换的内容。

② 单击"全部替换"按钮,即可一次性修改所有内容。

02 确定替换

替换完毕后会弹出一个提示框,提醒用户共替换了几处数据,此时单击"确定"按钮即可。

3.7 课堂练习

练习一:制作往来信函记录表

▶ **任务描述:**

本节将制作一个"往来信函记录表",目的在于使读者用本章所学的知识,能够在实践中熟练数据的输入与编辑操作。

	A	B	C	D	E	F	G
1	往来信 函记录表						
2							
3	类别	日期	来函/去函单位	来函/去函内容	处理人	回函日期	回函内容
4	去函	2016/6/13	重庆XXX科技有限公司	商讨加工合作事宜	王伟/生产部	2016/6/18	经高层商讨后决定
5	来函	2016/6/22	XX机械制造厂	商讨合作事宜的若干要求	王伟/生产部	2016/7/4	经高层商讨后决定
6	来函	2016/7/21	重庆XXX科技有限公司	催办机组维修事宜	张三/技术部	2016/7/25	尽快办理
7	去函	2016/7/25	××区社保局	关于2016年公积金改革的通知	周五/人力资源部	2016/8/3	立即通知并执行
8	来函	2016/8/15	××区技术研究中心	邀请参加项目开发成果座谈会	李四/技术部	2016/8/19	将准时出席

▶ **操作思路：**

01 新建一个名为"往来信函记录表"的工作簿。

02 导入"往来信函记录"文本文件，根据需要修正表格内容。

03 根据需要调整行高与列宽。

04 根据需要合并单元格并设置单元格对齐方式。

05 根据需要添加表格边框。

练习二：制作员工出差登记表

▶ **任务描述：**

　　本节将制作一个"员工出差登记表"，目的在于使读者用本章所学的知识，能够在实践中熟练数据的输入与编辑操作。

	A	B	C	D	E	F	G	H	I	J	K	L
1	员工出差登记表											
2										制表日期：2016年5月30日		
3	员工编号	姓名	部门	目的地	出差日期	返回日期	预计天数	实际天数	出差原因	联系电话	是否按时返回	备注
4	CQS123	王奇	销售部	成都	2016年5月23日	2016年5月25日	3	3	发展客户	123456789	是	
5	CQS102	张三	销售部	上海	2016年5月24日	2016年5月25日	3	2	签订合同	987654321	是	
6	CQS113	李四	销售部	成都	2016年5月24日	2016年5月25日	2	2	签订合同	567891023	是	
7	CQS101	祝一	销售部	北京	2016年5月25日	2016年5月27日	3	3	发展客户	456789123	是	
8												
9												
10												
11												
12												
13												
14												
15												
16												
17												
18	备注：											
19	1. 返回公司第二天向上一级部门提交车票、饮食和住宿发票。											
20	2. 第五天上交出差总结。											

▶ **操作思路：**

01 新建一个名为"员工出差登记表"的工作簿。

02 按照最终效果文件输入表格内容。

03 根据需要调整行高与列宽。

04 根据需要合并单元格并设置单元格对齐方式。

05 根据需要添加表格边框。

3.8 课后答疑

问：如何输入年份中的"〇"？

答：报表中常常用到如"二〇一六"年中的"〇"这样的字。很多用户都是简单地输入"0"代替，这是不正确的。其实，使用中文输入法中的"软键盘"，可以轻松输入包括"〇"在内的常用符号，方法为：在中文输入法状态下，使用鼠标右键单击输入法图标，在弹出的快捷菜单中依次单击"软键盘"→"中文数字"命令，在打开的数字软键盘中，使用鼠标单击软键盘上数字"0"所在的按键，即可输入字符"〇"。

问：修改文本文件中的数据后，如何刷新工作表中导入的文本数据？

答：如果导入文本数据后又对文本文件中的数据进行了修改，可以在工作表中刷新数据。方法为：在"数据"选项卡的"连接"组中执行"全部刷新"→"全部刷新"命令，打开"导入文本文件"对话框，然后在其中选中修改过的文本文件，单击"导入"命令确认导入，即可刷新数据。

问：如何在不连续的多个单元格里快速输入相同的数据？

答：利用"Ctrl+Enter"组合键，可以在不连续的多个单元格里快速输入相同的数据，以提高修改或输入单元格数据的效率。方法为：在按住"Ctrl"键的同时单击需要输入数据的单元格，将其全部选中，松开"Ctrl"键，在最后一个选中的单元格中输入数据内容，然后按下"Ctrl+Enter"组合键确认输入即可。

第4章

设置表格格式

　　通过对表格格式进行设置，以及使用对象美化表格，可以使制作出的表格更加美观大方。本章将详细介绍设置数据格式、设置边框和底纹、使用条件格式和样式、设置数据有效性以及使用对象美化表格的相关知识。

本章要点：

❖ 设置数据格式

❖ 设置边框和底纹

❖ 使用条件格式和样式

❖ 设置数据有效性

4.1 设置数据格式

知识导读

在单元格中输入数据后，还需要对数据格式进行设置。例如，设置字体、字号、对齐方式等。设置数据格式可以美化表格内容。

4.1.1 设置文本格式

在Excel 2016中输入的文本字体默认为等线。为了制作出美观的电子表格，用户可以更改工作表中单元格或单元格区域中的字体、字号或颜色等文本格式。设置文本格式的方式有以下几种。

❖ 通过浮动工具栏设置：双击需设置字体格式的单元格，将鼠标光标插入其中，拖动鼠标左键，选择要设置的字符，并将鼠标光标放置在选择的字符上，片刻后将出现一个半透明的浮动工具栏，将鼠标光标移到上面，浮动工具栏将变得不透明，在其中可设置字符的字体格式。

❖ 通过"字体"组设置：选择要设置格式的单元格、单元格区域、文本或字符，在"开始"选项卡的"字体"组中可执行相应的操作来改变字体格式。

❖ 通过"设置单元格格式"对话框设置：单击"字体"组右下角的功能扩展按钮，打开"设置单元格格式"对话框，在"字体"选项卡中根据需要设置字体、字形、字号以及字体颜色等文字格式。

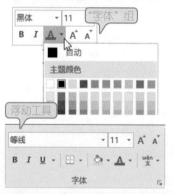

📶 提 示

当鼠标光标移动到字体、字号、字体颜色等文字格式设置选项时，用户可以在窗口中看到相应的预览效果。

4.1.2 设置数字格式

在Excel 2016中输入数字后可根据需要设置数字的格式，如常规格式、货币格式、会计专用格式、日期格式和分数格式等。

数字格式的设置方法与字体格式的设置方法相似，都可通过"组"和"对话框"进行设置。

❖ 通过"数字"组设置：选择要设置格式的单元格、单元格区域、文本或字符。在"开始"选项卡中的"数字"组中执行相应的操作即可。

❖ 通过"设置单元格格式"对话框设置：单击"数字"组右下角的功能扩展按钮，打开"设置单元格格式"对话框，在"数字"选项卡中根据需要设置数字格式即可。

4.1.3 设置对齐方式

在Excel单元格中，文本默认为左对齐，数字默认为右对齐。为了保证工作表中数据的整齐，可以为数据重新设置对齐方式，选中需要设置的单元格，在"对齐方式"组中单击相应按钮即可。其中各按钮的含义如下。

> **📶 提 示**
> 单击"开始"选项卡中"对齐方式"组右下角的功能扩展按钮，弹出"设置单元格格式"对话框，在"对齐"选项卡中也可以设置数据对齐方式。

❖ "顶端对齐"按钮：单击该按钮，数据将靠单元格的顶端对齐。

❖ "垂直居中"按钮：单击该按钮，使数据在单元格中上下居中对齐。

❖ "底端对齐"按钮：单击该按钮，数据将靠单元格的底端对齐。

❖ "左对齐"按钮：单击该按钮，数据将靠单元格的左端对齐。

❖ "居中"按钮：单击该按钮，数据将在单元格中左右居中对齐。

❖ "右对齐"按钮：单击该按钮，数据将靠单元格的右端对齐。

4.1.4　设置文本自动换行

在Excel中，除了可以通过调整行高和列宽将单元格中的数据信息全部显示出来以外，用户还可以使用单元格的自动换行功能使单元格中更多的内容显示出来。

❖ 选中要设置自动换行的单元格或单元格区域，单击"开始"选项卡"对齐方式"组中的"自动换行"按钮 即可。

❖ 选中要设置自动换行的单元格或单元格区域，打开"设置单元格格式"对话框，在"对齐"选项卡的"文本控制"栏中勾选"自动换行"复选框，然后单击"确定"按钮确认设置即可。

4.1.5　设置文本方向

在Excel中，我们可以根据需要设置文本方向，方法有两种。

❖ 选中要设置文本方向的单元格或单元格区域，单击"开始"选项卡"对齐方式"组中的"方向"按钮 ，在展开的下拉菜单中进行设置。

❖ 选中要设置文本方向的单元格或单元格区域，打开"设置单元格格式"对话框，在"对齐"选项卡的"方向"栏中设置文本的方向或倾斜角度，然后单击"确定"按钮即可。

📡 **技　巧**

在"开始"选项卡的"对齐方式"组中，单击"减少缩进量"按钮 可以减少字符的缩进；单击"增加缩进量"按钮 可以增加字符的缩进。

4.2 设置边框和底纹

知识导读

在编辑表格的过程中，可以通过添加边框、添加单元格背景色，为工作表设置背景图案等操作，使制作的表格轮廓更加清晰，更具整体感和层次感。

4.2.1 添加边框

在默认情况下，Excel的灰色网格线无法打印出来，为了使用工作表更加美观，在制作表格时，我们通常需要为其添加边框，方法有以下几种。

❖ 选中要设置边框的单元格或单元格区域，在"开始"选项卡的"字体"组中展开"边框"下拉菜单，在"边框"栏中根据需要进行选择，快速设置表格边框。

❖ 选中要设置边框的单元格或单元格区域，在"开始"菜单选项卡的"字体"组中展开"边框"下拉菜单，在"绘制边框"栏中根据需要进行选择，手动绘制表格边框。

❖ 选中要设置边框的单元格或单元格区域，打开"设置单元格格式"对话框，切换到"边框"选项卡，根据需要详细设置边框线条颜色、样式、位置等，完成后单击"确定"按钮即可。

4.2.2 设置单元格的背景色

在默认情况下，Excel工作表中的单元格为白色，为了美化表格或者突出单元格中的内容，我们可以为单元格设置背景色，方法有两种。

❖ 选中要设置背景色的单元格区域，在"开始"选项卡的"字体"组中单击"填充颜色"下拉按钮 🖍 ，在打开的颜色面板中根据需要进行选择。

❖ 选中要设置背景色的单元格区域，使用鼠标右键单击，在弹出快捷菜单中执行"设置单元格格式"命令，弹出"设置单元格格式"对话框，在"填充"选项卡的"背景色"色板中选择一种颜色，单击"确定"按钮即可。

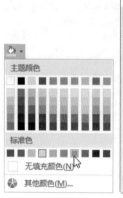

📡 **提 示**

在"设置单元格格式"对话框中单击"填充效果"按钮，可以为单元格设置渐变填充效果；单击"其他颜色"按钮，弹出"颜色"对话框，其中提供了更多的颜色选择；单击"图案样式"下拉按钮，在打开的下拉列表中可以选择一种图案对单元格进行填充。

4.2.3 为工作表设置背景图案

Excel提供了背景图案设置功能，可以导入本地图片将其设置为工作表的背景，方法如下。

01 打开"插入图片"对话框	**02 打开"工作表背景"对话框**
打开工作表，切换到"页面布局"选项卡，单击"页面设置"组中的"背景"按钮 🖼，打开"插入图片"对话框。	在"插入图片"对话框中，根据图片来源查找要插入的图片，例如，图片来自本地电脑，则单击"来自文件"组中的"浏览"按钮。

03 插入工作表背景

① 弹出"工作表背景"对话框，选中
要用来作为工作表背景的图片。
② 单击"插入"按钮即可。

📶 **提 示**

如果要删除设置的工作表背景，则单击
"页面布局"选项卡中"页面设置"组
的"删除背景"按钮，即可删除工作表
的图片背景效果。

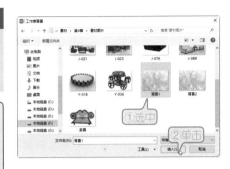

4.3 使用条件格式和样式

知识导读

条件格式是指当单元格中的数据满足某一个设定的条件时，系统会自动地
将其以设定的格式显示出来。通过条件格式的设置与清除、单元格样式和
工作表样式的套用等操作，可以快速美化表格。

4.3.1 设置条件格式

在Execl中，条件格式就是指当单元格中的数据满足某一个设定的条件时，
以设定的单元格格式显示出来。

在"开始"选项卡的"样式"组中单击"条件格式"下拉按钮，打开下
拉菜单，可以看到其中包含有"突出显示单元格规则"、"项目选取规则"、
"数据条"、"色阶"、"图标集"等子菜单。

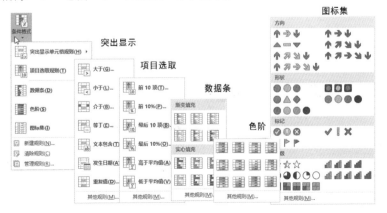

通过这些子菜单，可以轻松设置条件格式，它们的具体作用如下。

❖ 突出显示单元格规则：用于突出显示符合"大于"、"小于"、"介于"、"等于"、"文本包含"、"发生日期"、"重复值"等条件的单元格。

❖ 项目选取规则：用于突出显示符合值"最大的10项"、"最大的10%项"、"最小的10项"、"最小的10%项"、"高于平均值"、"低于平均值"等条件的单元格。

❖ 数据条：用于查看某个单元格相对于其他单元格的值。数据条的长度代表单元格中的值，数据条越长，表示值越高；数据条越短，表示值越低。在分析大量数据中的较高值和较低值时，数据条很有用。

❖ 色阶：分为双色色阶和三色色阶，通过颜色的深浅程度来比较某个区域的单元格，颜色的深浅表示值的高低。

❖ 图标集：用于对数据进行注释，并可以按值的大小将数据分为3~5个类别，每个图表代表一个数据范围。

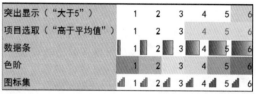

1. 设置条件格式

设置条件格式的方法很简单，一般来说，选中要设置条件格式的单元格或单元格区域，打开"条件格式"下拉菜单，根据需要展开相应的子菜单，然后执行相应的命令进行设置即可。

例如，要突出显示"大于5"的单元格，方法如下。

01 打开"大于"对话框

① 选中单元格区域。

② 执行"条件格式"→"突出显示单元格规则"→"大于"命令，打开"大于"对话框。

02 设置条件格式

① 弹出"大于"对话框，设置条件为大于"5"，然后打开"设置为"下拉列表框，选择单元格格式。

② 完成设置后单击"确定"按钮。

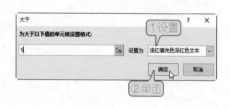

2. 设置条件格式规则

如果Excel提供的条件格式规则不合用，用户可以利用"条件格式"下拉菜单底部的"新建规则"和"管理规则"命令，对条件格式规则进行设置。

❖ 新建规则：执行"新建规则"命令，将弹出"新建格式规则"对话框，在"选择规则类型"列表框中根据需要进行选择，从而打开相应的"编辑规则说明"栏，根据需要进行设置，完成后单击"确定"按钮即可。

❖ 管理规则：执行"管理规则"命令，将弹出"条件格式规则管理器"对话框，在其中可以对表格中设置的条件格式规则进行"新建"、"编辑"、"删除"等管理。

> **提 示**
> 单击"条件格式"各子菜单底部的"其他规则"命令，也可打开"新建格式规则"对话框，对格式条件规则进行编辑。

4.3.2 清除设置的条件格式

要清除设置的条件格式，方法为：选中设置了条件格式的单元格或单元格区域，在"开始"选项卡中执行"条件格式"→"清除规则"命令，然后在打开的子菜单中根据需要选择相应的命令执行即可。

4.3.3 套用单元格样式

Excel 2016中内置了许多现成的单元格样式，应用这些样式便可快速设置单元格格式。此外，还可以通过自定义单元格样式，满足用户在应用单元格样式时的不同需要。

1. 套用样式

打开"来往信函记录表"工作簿，对其套用单元格样式，方法如下。

01 选中单元格区域	02 套用样式
在工作簿中选中要套用样式的单元格或单元格区域。	① 在"开始"选项卡的"样式"组中单击"单元格样式"下拉按钮。 ② 在打开的下拉列表中选择一种样式即可。

2. 自定义样式

系统内置的单元格样式是有限的，有时并不能满足用户的需要。因此，在Excel 2016中用户可以根据需要自定义单元格样式，添加与删除自定义单元格样式的方法如下。

01 打开"样式"对话框	02 设置样式名称
① 在"开始"选项卡的"样式"组中单击"单元格样式"下拉按钮。 ② 在打开的下拉列表中单击"新建单元格样式"命令，打开"样式"对话框。	① 弹出"样式"对话框，在"样式名"文本框中输入样式名称。 ② 单击"格式"按钮。

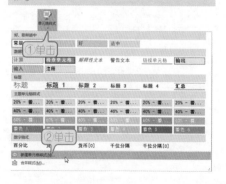

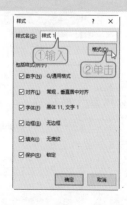

03 设置单元格格式

① 弹出"设置单元格格式"对话框，切换到各选项卡设置相应的单元格格式。

② 完成后单击"确定"按钮，返回"样式"对话框，单击"确定"按钮即可。

04 应用自定义样式

① 通过上述设置，再次单击"单元格样式"按钮，在打开的下拉列表的"自定义"栏中可以看到自定义的单元格样式。

② 单击该样式即可快速应用到所选的单元格或单元格区域中。

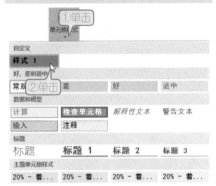

05 删除自定义样式

① 在"开始"选项卡的"样式"组中单击"单元格样式"下拉按钮。

② 在下拉菜单中用鼠标右键单击"自定义"栏中需要删除的样式。

③ 弹出快捷菜单，单击"删除"命令，即可删除自定义的单元格样式。

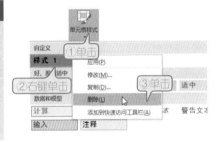

4.3.4 套用工作表格式

在Excel 2016中还内置了多种表格格式，应用这些表格样式便可快速设置工作表的格式，方法如下。

01 选择表格样式

① 选中需要套用表格格式的单元格区域。

② 在"开始"选项卡的"样式"组中单击"套用表格格式"下拉按钮。

③ 在打开的下拉列表中选择一种表格格式。

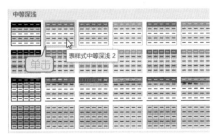

02 确认套用

打开"套用表格式"对话框，单击"确定"按钮，即可将选择的表格格式应用到所有单元格区域中。

03 清除格式

① 选中要撤销格式的单元格区域，在"开始"选项卡的"编辑"栏中单击"清除"下拉按钮。
② 在打开的下拉菜单中单击"清除格式"命令即可。

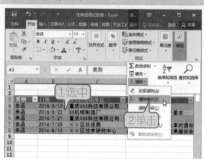

4.4 设置数据有效性

知识导读

在制作Excel表格的时候，我们可以设置数据有效性。它可以帮助我们限定单元格中可输入的内容，并提供提示，从而减少输入错误，提高工作效率。在工作中，数据有效性设置常用来限制单元格中输入的文本长度、文本内容、数值范围等。

4.4.1 限定输入数据长度

在输入编号、身份证号码等数据时，可以设置数据有效性来限定单元格中可输入的文本长度，避免输入错误。以限制"资料借阅管理表"中的资料编号文本长度为例，方法如下。

01 打开"数据验证"对话框

① 打开工作簿，选中A9:A19单元格区域。
② 切换到"数据"选项卡，在"数据工具"组中执行"数据验证"→"数据验证"命令，打开"数据验证"对话框。

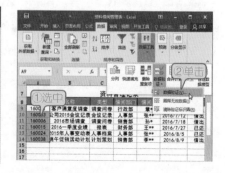

02 设置输入文本长度

在"数据验证"对话框的"设置"选项卡中，在"允许"下拉列表中选择"文本长度"选项，在"数据"下拉列表中选择"等于"选项，在"长度"文本框中设置文本长度。

03 设置输入提示

在"输入信息"选项卡中，设置在该单元格中输入数据时显示的提示信息。

04 设置出错警告

① 切换到"出错警告"选项卡，设置在输入错误数据时显示的提示信息。
② 完成后单击"确定"按钮即可。

05 查看完成效果

返回工作表，在设置了数据有效性的单元格中输入数据，即可看到设置后的效果。

📎 提 示

在默认情况下，选中设置了数据有效性的单元格，即可看到信息提示框；在单元格中输入错误的数据，将弹出错误提示对话框；在错误提示对话框中单击"取消"按钮，可返回工作表重新输入数据。

4.4.2 限定输入数据内容

为了提高数据输入的速度，防止输入错误信息，可以限定单元格中可输入的文本内容，方法与限定文本长度类似，方法如下。

01 限定输入数据内容	02 设置提示信息
选中要设置的单元格区域，打开"数据验证"对话框，在"设置"选项卡的"允许"下拉列表中选择"序列"选项，在"来源"文本框中输入限定的文本内容，注意需要用英文状态下的逗号"，"隔开。	① 切换到"输入信息"和"出错警告"选项卡，分别设置提示信息。 ② 完成后单击"确定"按钮即可。

03 查看完成效果	
返回工作表，在设置了数据有效性的单元格中输入数据，即可看到设置后的效果。由于在"设置"选项卡中默认勾选了"提供下拉箭头"复选框，因此在限定了文本内容的单元格中输入数据时可以单击右侧出现的下拉箭头，在下拉列表中选择要输入的内容。	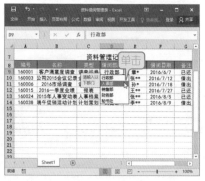

4.4.3 限定输入数据范围

通过数据有效性设置，还可以限定单元格中可输入的数值的范围，避免发生错误，方法如下。

01 限定输入数据范围

选中要设置的单元格区域，打开"数据验证"对话框，在"设置"选项卡的"允许"下拉列表中选择"整数"选项，在"数据"下拉列表中选择"介于"选项，在"最小值"和"最大值"文本框中分别设置允许输入的最小值和最大值。

02 设置提示信息

① 切换到"输入信息"和"出错警告"选项卡，分别设置提示信息。
② 完成后单击"确定"按钮即可。

03 查看完成效果

返回工作表，在设置了数据有效性的单元格中输入数据，即可看到设置后的效果。

提 示

在单元格中输入错误数据弹出提示对话框后，单击"关闭"按钮关闭对话框，可返回工作表重新输入数据。

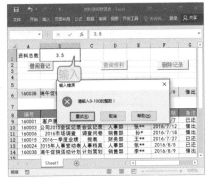

4.4.4 隐藏提示与警告

设置数据有效性时，可以根据需要隐藏提示与警告信息。

方法为：在设置了数据有效性的工作簿中，选中需要设置的单元格区域，打开"数据验证"对话框，在"输入信息"选项卡中默认勾选了"选定单元格时显示输入信息"复选框，取消勾选该复选框，将不能设置和显示相应的提示信息，在"出错警告"选项卡中默认勾选了"输入无效数据时显示出错警告"复选框，取消勾选该复选框，然后单击"确定"按钮即可隐藏数据有效性提示与警告。

4.5 课堂练习

练习一：制作员工工作表现考评表

▶**任务描述**：

　　本节将制作一个"员工工作表现考评表"，目的在于使读者用本章所学的知识，能在实践中熟练设置表格格式的基本操作。

▶**操作思路**：

01 新建一个名为"员工工作表现考评表"的工作簿。

02 根据需要输入文本内容。

03 根据需要合并单元格，调整统一大小列宽。

04 设置文本格式。

05 设置边框和底纹。

练习二：制作访客出入登记簿

▶ **任务描述：**

　　本节将制作一个"访客出入登记簿"，目的在于使用本章所学的知识，在实践中熟练设置表格格式的基本操作。

	A	B	C	D	E	F	G
1	访客出入登记簿						
2	日期	来访时间	离开时间	来访人姓名	有效证件号码	来访事由	拜访部门（人）
3	9月17日	9:23	9:55	孙**	50122119*********1	找人	客服部
4	9月17日	9:59	10:47	王**	50022119*********2	找人	财务部
5	9月17日	14:15	14:57	李**	50122119*********3	送货	行政部
6	9月18日	10:11	10:25	周**	50011119*********4	快递	行政部
7	9月18日	11:23	12:40	孙**	50022119*********5	找人	人事部
8	9月18日	13:45	14:45	何**	51222119*********6	面试	人事部
9	9月18日	13:52	14:46	肖*	50022187*********7	面试	人事部
10	9月19日	10:29	10:58	周**	50322119*********8	快递	财务部
11	9月19日	12:27	12:43	陈*	50012119*********9	送外卖	销售部
12	9月20日	15:47	16:20	武*	50012119*********X	找人	销售部
13	9月20日	16:12	16:22	周**	50022119*********1	快递	行政部
14	9月20日	16:21	17:11	李**	51122119*********2	送货	行政部

▶ **操作思路：**

01 新建一个名为"访客出入登记簿"的工作簿。

02 根据需要输入文本内容。

03 根据需要合并单元格，调整行高与列宽。

04 设置文本格式。

05 设置边框和底纹。

4.6 课后答疑

　　问：如何设置缩小字体填充单元格？

　　答：在Excel中，可以通过设置使输入的内容自动适应单元格的大小，以便将单元格中的数据信息全部显示出来。方法为：选中需要设置自动调整字体的单元格区域，打开"设置单元格格式"对话框，在"对齐"选项卡中勾选"缩小字体填充"复选框，然后单击"确定"按钮即可。

问：如何使用格式刷？

答：在Excel中，格式刷可以用来快速复制所选单元格的格式。格式刷的使用方法为：在工作簿中选中已设置单元格格式的单元格，单击"剪贴板"组中的"格式刷"按钮，待鼠标光标变为形状时，单击需要复制格式的单元格即可。选中已设置格式的单元格后，双击"格式刷"按钮，就可以连续单击多个需要复制格式的单元格应用所选格式，复制完毕后单击"格式刷"按钮，即可关闭该功能。

问：如何输入平方数和立方数？

答：输入表格数据时，有时需要输入带有平方符号或立方符号的数据。以输入"102"为例，在Excel 2016中输入平方符号和立方符号的方法为：在单元格中输入底数和指数，这里输入"102"，接着选中作为指数的数字"2"，使用鼠标右键单击，在右键菜单中单击"设置单元格格式"命令，打开"设置单元格格式"对话框，勾选"上标"复选框，然后单击"确定"按钮即可。

第5章

使用对象美化工作表

只有数据和文字的表格看起来不免单调。这时候，可以通过在工作表中插入一些具有艺术效果的文字、图片和形状图形，或者插入表现层次结构的SmartArt图形，使电子表格更美观。本章将介绍在Excel工作表中插入与编辑图片、文本框、艺术字和图形的方法。

本章要点：

❖ 在表格中插入图片
❖ 在表格中插入文本框
❖ 在表格中插入艺术字
❖ 在表格中插入图形

5.1 在表格中插入图片

知识导读

为了使工作表更加美观，用户可以根据实际需要在工作表中插入剪贴画、外部图片或者屏幕截图，并对这些插入的图片进行编辑，设置相应的图片效果。

5.1.1 插入剪贴画

Excel提供了联机图片插入功能，用户可以利用Office提供的剪贴画或从网站搜索到的图片，来丰富表格的内容和美化表格的效果。以在"国庆促销海报"工作簿中插入剪贴画为例，方法如下。

01 打开"插入图片"对话框

打开"国庆促销海报"工作簿，切换到"插入"选项卡，单击"插图"组中的"联机图片"按钮，打开"插入图片"对话框。

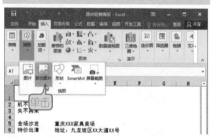

02 搜索剪贴画

① 弹出"插入图片"对话框，在"Office.com剪贴画"栏的文本框中输入搜索关键词。
② 单击"搜索"按钮。

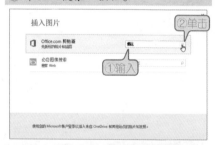

03 插入剪贴画

① 在搜索结果中选中需要插入的剪贴画。
② 单击"插入"按钮。

04 查看完成效果

返回工作表，即可看到所选剪贴画插入到工作表中。

5.1.2 插入外部图片

在Excel中，除了插入联机图片，用户还可以将本地电脑中的图片插入到工作表中，方法如下。

01 打开"插入图片"对话框

在"插入"选项卡的"插图"组中单击"图片"按钮，打开"插入图片"对话框。

02 插入图片

① 弹出"插入图片"对话框，根据图片保存位置查找图片，选中需要插入的图片。

② 单击"插入"按钮。

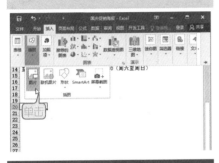

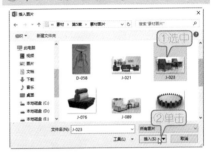

03 查看完成效果

返回工作表，即可看到所选图片插入到工作表中。

📶 提 示

插入图片时，可以将光标定位在需要插入图片的位置或附近，便于之后的编辑操作。

5.1.3 屏幕截图

在Excel 2016中，用户可以利用屏幕截图功能快速截取屏幕图像，并直接插入到文档当中。屏幕截图分为截取窗口和截取区域两种。

1. 截取窗口

Excel 2016的"屏幕截图"功能会智能监视活动窗口（打开且没有最小化的窗口），可以很方便地截取活动窗口的图片并插入到当前义档中。截取活动窗口的方法如下。

01 截取窗口

① 打开工作簿，单击"插入"选项卡"插图"组中的"屏幕截图"下拉按钮。

② 打开下拉菜单，在"可用视窗"栏中单击要插入的窗口的缩略图。

02 查看完成效果

此时，Excel 2016会自动截取该窗口图片并插入到文档中。

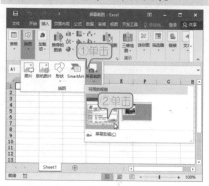

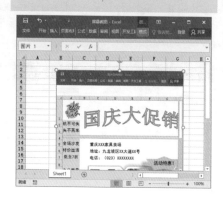

2. 截取区域

使用"屏幕截图"功能插入截图时，除了插入窗口截图外，还可插入任意区域的屏幕截图。截取屏幕区域的方法如下。

01 执行"屏幕剪辑"命令

① 打开工作簿，切换到"插入"选项卡，在"插图"组中单击"屏幕截图"下拉按钮。

② 打开下拉菜单，单击"屏幕剪辑"命令。

02 截取区域

此时，当前文档窗口将自动缩小，整个屏幕朦胧显示，按住鼠标左键不放，拖动鼠标即可选择截取区域，被选中的区域将呈高亮显示。

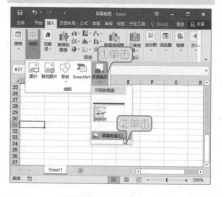

03 查看完成效果

释放鼠标左键，即可截取选择的区域并将其插入到工作表中。

提 示

截取屏幕截图时，选择"屏幕剪辑"选项后，屏幕中显示的内容是打开当前文档之前所打开的窗口或对象。

5.1.4 编辑图片

插入剪贴画、图片之后，Excel的功能区中将显示出"图片工具/格式"选项卡，通过该选项卡，可以对选中的图片进行调整图片颜色、设置图片样式和设置环绕方式等操作。

❖ 在"调整"组中，可删除剪贴画或图片的背景，以及对剪贴画或图片调整颜色的亮度、对比度、饱和度和色调等格式，甚至设置艺术效果。

❖ 在"图片样式"组中，可对剪贴画或图片应用内置样式，设置边框样式，设置阴影、映像和柔化边缘等效果，以及设置图片版式等格式。

❖ 在"排列"组中，可对剪贴画或图片调整位置、设置环绕方式及旋转方式等格式。

❖ 在"大小"组中，可对剪贴画或图片进行调整大小和裁剪等操作。

下面以"国庆促销海报"工作簿为例，练习通过"图片工具/格式"选项卡的各项功能，编辑插入的图片，美化工作表。

1. 调整图片大小

在工作表中插入图片，特别是插入外部图片或屏幕截图后，通常都需要调整图片的大小。

调整图片大小的方法有以下几种。

❖ 选中图片后，切换到"图片工具/格式"选项卡，在"大小"组的"形状宽度"和"形状高度"文本框中输入数值，即可精确设置图片大小。

❖ 选中图片后，将光标指向图片控制框上的控制点，当光标呈双向箭头形状时，按住鼠标左键不放，到适当位置释放鼠标左键，即可通过鼠标拖动图片控制框手动调整图片大小。

❖ 选中图片后，切换到"图片工具/格式"选项卡，单击"大小"组右下角的功能扩展按钮，打开"设置图片格式"窗格，在"大小"选项卡中修改"高度"微调框数值，在默认情况下，"宽度"将自动进行调整，完成后单击"关闭"按钮关闭窗格即可。

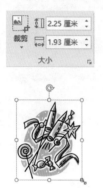

> 📎 **提 示**
>
> 在默认情况下"锁定纵横比"复选框为勾选状态，修改图片的高度后，其宽度也会自动按比例改变。取消勾选之后则不会。

2. 调整图片位置

将图片插入工作表并设置好图片样式之后，通常还需要将其移动到工作表中合适的位置。

调整图片位置的方法为：在工作簿中，先根据需要调整要放置图片的单元格的行高或列宽，然后将光标指向要移动的图片，当光标变为 ✛ 形状时，按住鼠标左键不放，拖动剪贴画到目标位置，释放鼠标左键即可。

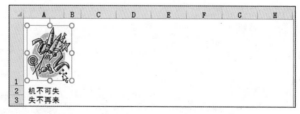

3. 删除图片

如果在工作表中插入了不需要的图片，就需要将其删除。

删除图片的方法为：选中要删除的图片，然后按下键盘上的"Delete"键即可。

4. 裁剪图片

如果觉得插入的图片过大，除了可以调整图片的整体大小外，还可以将图片中不需要的部分裁剪。裁剪图片的方法如下。

01 进入裁剪状态	02 裁剪图片
选中要裁剪的图片，在"图片工具/格式"选项卡的"大小"组中单击"裁剪"按钮，此时图片四周将出现8个黑色的控制点。	将鼠标光标指向相应的控制点，当鼠标光标变为┣、┓、┴或┗等形状时，按住鼠标左键不放，拖动鼠标选择图片的裁剪范围。

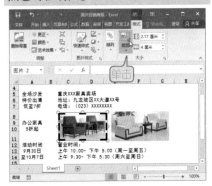

03 查看完成效果	
完成后释放鼠标左键，单击工作表的任意空白单元格，即可看到裁剪图片的效果了。	

5. 应用图片样式

Excel中内置了多种现成的图片样式，应用这些图片样式可以快速美化图片。

应用图片样式的方法为：选中要应用样式的图片，在"图片工具/格式"选项卡的"图片样式"组中单击"快速样式"下拉按钮，在展开的下拉列表中选择需要应用的图片样式即可。

如果内置的图片样式不能满足需要，可以选中插入的图片，在"图片工具/格式"选项卡的"图片样式"组中根据需要分别设置图片边框、效果和版式等。

此外，单击"图片样式"组设置右下角的功能扩展按钮，在打开的"设置图片格式"窗格中，也可对图片样式进行各种相应设置。

6. 对齐图片

当工作表中插入了多张图片，可以设置对齐方式快速将其对齐。

以设置图片顶端对齐为例，方法为：在工作簿中，在按住"Ctrl"键的同时单击需要对齐的多张图片，将其同时选中，然后在"图片工具/格式"选项卡的"排列"组中执行"对齐"→"顶端对齐"命令即可。

7. 组合图片

将多张图片组合在一起，可以方便同时移动、复制多张图片。组合图片的方法主要有以下几种。

❖ 选中要进行组合的多张图片，在"图片工具/格式"选项卡的"排列"组中执行"组合"→"组合"命令即可。

❖ 选中要进行组合的多张图片，用鼠标右键单击，在打开的右键菜单中执行"组合"→"组合"命令即可。

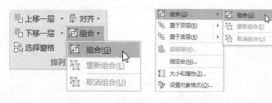

组合图片之后，在执行移动、复制等操作时，将同时移动或复制被组合在一起的多张图片。

如果要取消组合，只需选中被组合的图片，在"图片工具/格式"选项卡或在单击鼠标右键打开的菜单中执行"取消组合"命令即可。

> **提 示**
>
> 对齐和组合图片的方法同样适用于后面将要学习的自选图形、文本框和艺术字等。

5.2 在表格中插入文本框

> **知识导读**
>
> 在文本框中可以进行输入文本、插入图片等操作，利用文本框可以设计出较为特殊的电子表格。下面介绍在Excel 2016中插入文本框和编辑文本框的方法。

5.2.1 插入文本框

文本框在编辑工作表时有着重要的作用，插入艺术字、插入图表等都会涉及文本框的操作。下面练习在"国庆促销海报"工作簿中插入文本框，方法如下。

01 开启文本框绘制状态

在"插入"选项卡的"文本"组中执行"文本框"→"横排文本框"命令，开启文本框绘制状态。

02 绘制文本框

返回工作表，此时鼠标光标呈 ↓ 形状，按住鼠标左键不放，拖动鼠标可以绘制文本框。

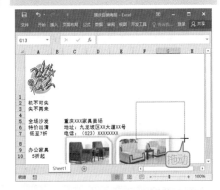

> **提 示**
>
> 将光标定位到文本框中，拖动鼠标选中其中的文本，然后可以通过"字体"组设置文本框的字体、字号和颜色，美化文本框中的文字。

03 输入内容

释放鼠标左键，此时在绘制出的文本框中可以看到闪烁的光标，文本框处于可编辑状态，在文本框中输入文本内容，然后单击文本框外的任意单元格即可退出编辑状态。

5.2.2 编辑文本框

只要将光标定位到文本框中，就会出现一个"绘图工具/格式"选项卡。与"图片工具/格式"选项卡类似，通过"绘图工具/格式"选项卡也可以调整文本框的大小、设置文本框的样式，还可以更改文本框的形状，对文本框进行相应的美化设置。

- ❖ 在"插入形状"组中，可更改文本框的形状，选择绘制横排文本框或竖排文本框。
- ❖ 在"形状样式"组中，可对文本框应用内置样式，设置形状填充、形状轮廓等，为文本框添加阴影、映像和柔化边缘等效果。
- ❖ 在"排列"组中，可调整文本框位置、设置环绕方式及旋转方式等格式。
- ❖ 在"大小"组中，可对文本框进行调整大小等操作。
- ❖ 在"艺术字样式"组中，可以应用内置的艺术字样式，或者分别设置文本填充、文本轮廓等，为艺术字添加阴影、映像、柔化边缘和旋转等效果。

下面以"国庆促销海报"为例，对插入其中的文本框进行编辑操作，设置文本框形状和样式等，达到美化的目的。方法如下。

01 设置填充色

① 打开工作簿，选中插入的文本框，单击"绘图工具/格式"选项卡"形状样式"组中的"形状填充"下拉按钮。

② 在打开的下拉菜单中选择一种填充色。

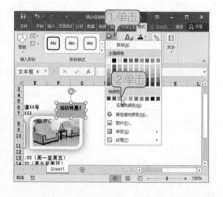

02 设置形状轮廓

① 单击"形状样式"组中的"形状轮廓"下拉按钮。

② 在打开的下拉菜单中单击"无轮廓"命令。

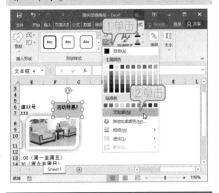

03 设置形状样式

① 单击"形状样式"组中的"形状效果"下拉按钮。

② 在打开的下拉菜单中展开"预设"子菜单，单击需要的预设形状效果。

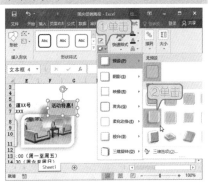

04 更改形状

① 单击"插入形状"组中的"编辑形状"下拉按钮。

② 在打开的下拉菜单中展开"更改形状"子菜单，单击需要的形状。

05 查看完成效果

返回工作表，即可看到对文本进行美化编辑后的效果。

5.3 在表格中插入艺术字

知识导读

艺术字常常用作工作表的标题，或者用于一些特殊的表格设计。下面将介绍在工作表中插入与编辑艺术字的知识。

5.3.1 插入艺术字

通过"插入"选项卡插入艺术字的方法很简单。以在"国庆促销海报"中插入艺术字为例，方法如下。

① 打开工作簿，切换到"插入"选项卡，单击"文本"组中的"艺术字"下拉按钮。
② 在打开的下拉列表中选择艺术字样式。

返回工作表中，将出现一个文本框，并可看到"请在此放置您的文字"字样，在出现的文本框中直接输入需要的文字即可。

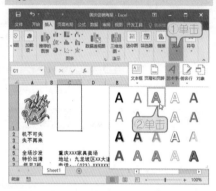

5.3.2 编辑艺术字

艺术字实际上是一个特殊的文本框，其文本框的编辑方法与普通文本框类似。

此外，在工作表中插入艺术字后，通过出现的"绘图工具/格式"选项卡中的相应命令按钮，可以对艺术字进行编辑，包括更改艺术字样式、设置艺术字阴影效果和三维效果等。

- ❖ 套用艺术字样式：将光标定位到艺术字所在文本框中，选中要更改样式的艺术字，在"绘图工具/格式"选项卡的"艺术字样式"组中展开"快速样式"下拉菜单，在其中选择一种内置样式即可。
- ❖ 设置艺术字文本填充：将光标定位到艺术字所在文本框中，选中要设置样式的艺术字，在"绘图工具/格式"选项卡的"艺术字样式"组中展开"文本填充"下拉菜单，即可在其中设置艺术字文本填充样式，如使用图片、纹理或纯色填充艺术字文本内部。
- ❖ 设置艺术字文本轮廓：将光标定位到艺术字所在文本框中，选中要设置样式的艺术字，在"绘图工具/格式"选项卡的"艺术字样式"组中展开"文本轮廓"下拉菜单,即可在其中设置艺术字文本轮廓样式,如设置艺术字文本轮廓的线条样式、颜色、粗细等。

❖ 设置艺术字文字效果:将光标定位到艺术字所在文本框中,在"绘图工具/格式"选项卡的"艺术字样式"组中展开"文字效果"下拉菜单,即可在其中设置各种艺术字效果,如阴影、映像、发光、棱台、三维旋转和路径转换等。

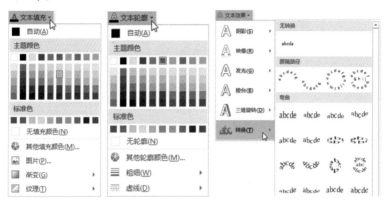

5.4 在表格中插入图形

知识导读

在表格中插入的图形主要包括自选图形和SmartArt图形。在工作表中插入图形可以增强表格内容在层次和结构上的表现力。下面将介绍插入自选图形和插入SmartArt图形的方法。

5.4.1 插入与编辑自选图形

Excel 2016中自带了多种自选图形,如线条、矩形、箭头和标注等。下面练习在"国庆促销海报"工作簿中插入自选图形,方法如下。

01 选择自选图形

① 打开工作簿,切换到"插入"选项卡,单击"插图"组中的"形状"下拉按钮。

② 在打开的下拉菜单中单击要插入的自选图形,如"圆角矩形"选项。

02 绘制自选图形

此时鼠标光标将变为 ✛ 形状，按住鼠标左键不放向下拖动可绘制一个圆角矩形，完成后释放鼠标左键即可。

插入自选图形之后，用户可以对其进行一系列的编辑操作。因为与之前介绍过的编辑文本框操作基本相同，都通过"绘图工具/格式"选项卡进行，下面只简单介绍一下。

❖ 在自选图形中输入文字：用鼠标右键单击插入的自选图形，然后在弹出的快捷菜单中单击"编辑文字"命令，此时可以看到自选图形中间出现了一条闪烁的光标，直接输入需要的文字即可。

❖ 调整自选图形的大小和位置：与调整文本框大小、位置方法相同。

❖ 设置自选图形样式：与设置文本框样式方法相同。

5.4.2 插入与编辑SmartArt图形

用户使用SmartArt图形只需单击鼠标，即可创建出具有设计师水准的图形效果，十分方便。该图形包括列表、流程、循环、层次结构、关系、矩阵和棱锥图等类型，能够满足用户的不同需要。

1. 插入SmartArt图形

插入SmartArt图形的方法很简单：在"插入"选项卡的"插图"组中单击"SmartArt"按钮，此时将打开"选择SmartArt图形"对话框，在左侧的列表中选择图形类型（如"列表"），在中间的窗格中选择一种该类型的图形，然后单击"确定"按钮即可。

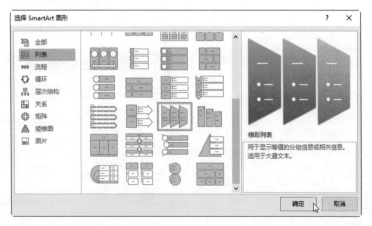

插入图形之后，图形中还缺少必要的文字内容。在SmartArt图形中输入文字的方法主要有两种。

❖ 单击插入的SmartArt图形，出现图形外框，然后单击外框上的按钮，弹出"在此处键入文字"对话框，单击其中的"文本"字样后，用户可直接在此处输入需要的文字，输入的文字将自动显示到SmartArt图形中，完成后关闭该对话框即可。

❖ 在插入的SmartArt图形中单击需要输入文字的图形部分，该部分变为可编辑状态，直接输入需要的文字，完成后单击工作表任意空白处即可。

 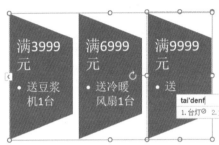

> ⚠ **提 示**
> SmartArt图形中的文字字体和大小是可以改变的。选中文字，然后切换到"开始"选项卡，单击"字体"组中的相应命令按钮即可。

2. 添加形状

在工作表中插入SmartArt图形时，默认的形状个数都是有限的，如果不能满足使用需要，用户可以为其添加形状。

方法为：用鼠标右键单击插入的SmartArt图形，在右键菜单中展开"添加形状"子菜单，在其中选择形状的添加位置，单击即可在所选位置添加一个SmartArt图形形状，同时图形中的形状将自动调整大小，以适应图形窗格。

> ⚠ **提 示**
> 根据需要，可以删除SmartArt图形中的多余形状。选中要删除的形状，按下"Back Space"键或"Delete"键即可。

3. 设置形状格式

插入SmartArt图形后将显示"SmartArt工具"下的"设计"和"格式"选项卡，通过这两个选项卡中的命令按钮及列表框可对SmartArt图形的布局、颜色以及样式等进行编辑。

（1）使用"设计"选项卡进行编辑

SmartArt工具的"设计"选项卡，如下图所示，其中各主要按钮的功能介绍如下。

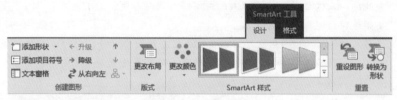

❖ 添加形状：可选择为SmartArt图形添加形状。

❖ 布局：为SmartArt图形重新设置布局样式。

❖ 更改颜色：为SmartArt图形设置颜色。

❖ SmartArt样式：可选择SmartArt图形的样式。

❖ 重设图形：将取消对SmartArt图形所做的任何修改，恢复插入时的状态。

（2）使用"格式"选项卡进行编辑

"SmartArt工具"下的"格式"选项卡，如下图所示，其中各组的功能介绍如下。

❖ 形状：选择SmartArt图形中的任一形状，该组中的"形状"、"增大"、"减少"按钮将呈可用状态。

❖ 形状样式：为选择的形状设置样式。

❖ 艺术字样式：为选择的文字应用艺术字样式。

❖ 排列：设置整个SmartArt图形的排列位置和环绕方式。

❖ 大小：设置整个SmartArt图形的大小。

如果系统自带的图形不能满足需要，用户可以为SmartArt图形设置形状和文字样式，具体方法如下。

❖ 设置图形形状：选中需要设置样式的形状，然后单击"SmartArt工具/格式"选项卡的"形状样式"组中的"其他"按钮，在展开的下拉列表中单击需要的样式，返回工作表中即可看到应用样式后的效果了。

❖ 设置文字样式：单击"SmartArt工具/格式"选项卡的"艺术字样式"组中的"其他"按钮，在展开的下拉列表中选择一种文字效果，在返回工作表中即可看到应用的艺术字效果了。

5.5 课堂练习

练习一：制作库存订货管理流程图

▶**任务描述：**

本节将制作一个"库存订货管理流程图"，目的在于使读者用本章所学的知识，能在实践中熟练使用对象美化工作表的方法。

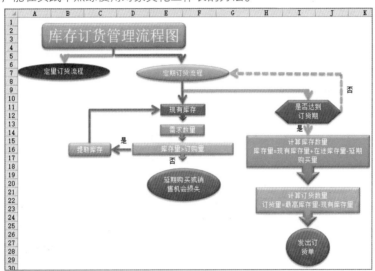

▶**操作思路：**

01 新建一个名为"库存订货管理流程图"的工作簿。

02 根据需要插入自选图形和文本框，并输入文本内容。

03 根据需要设置插入对象的大小、位置和样式等。

练习二：制作多栏表头

▶**任务描述：**

本节将通过插入自选图形的方法，制作多栏表头，目的在于使读者用本章所学的知识，能在实践中熟练使用对象美化工作表的方法。

▶**操作思路：**

01 新建一个名为"制作多栏表头"的工作簿。

02 根据需要输入表格内容，并设置文本样式、表格边框等。

03 根据需要，在表头中插入自选图形"直线"，以及文本框，在文本框中根据需要输入文字，一字一框。

04 根据需要设置插入对象的大小、位置和样式等。

05 将插入的所有对象组合为一个整体，以保护线条与文本框之间的组合效果。

季度\月份\店 地 区	季度 月份 门 店 地 区		一季度			二季度			合计
			1月	2月	3月	4月	5月	6月	
北京		1门店							
		2门店							
		3门店							
上海		1门店							
		2门店							
		3门店							
重庆		1门店							
		2门店							
		3门店							
合 计									

5.6 课后答疑

问：如何将图片裁剪出形状？

答：在Excel 2016中可以直接将插入的图片裁剪为形状。方法为：选中要裁剪的图片，切换到"图片工具/格式"选项卡，在"大小"组中展开"裁剪"→"裁剪为形状"子菜单，在其中根据需要选择一种形状，单击即可快速将图片裁剪成该形状。

问：如何删除图片背景？

答：在Excel 2016中，可以根据需要删除图片背景。方法为：选中要删除背景的图片，在"图片工具/格式"选项卡的"调整"组中单击"删除背景"按钮，系统将自动切换到"背景消除"子选项卡，在其中根据需要设置要删除与要保留的图片区域，完成后单击"保留更改"按钮保存设置即可。

问：在工作表中插入了多张剪贴画时，如何调整其叠放次序？

答：当在文档中插入了多张剪贴画时，有时就需要调整剪贴画的叠放次序来满足使用需求。调整剪贴画叠放次序的方法为：选中需要调整叠放次序的剪贴画，然后单击鼠标右键，在打开的右键菜单中单击"置于顶层"或"置于底层"选项，在展开的子菜单中选择相应的选项即可。此外，选中需要调整叠放次序的剪贴画，然后单击"图片工具/格式"选项卡的"排列"组中的"上移一层"或"下移一层"下拉按钮，也可以调整该剪贴画的叠放次序。

第6章

使用公式和函数

　　计算数据是数据处理的重要一步，在计算数据的过程中，我们会用到公式、数组公式和函数。本章将详细介绍在Excel中使用公式和函数进行数据计算的相关知识，以及一些常用函数的应用。

本章要点：

❖ 公式的使用
❖ 单元格引用
❖ 使用数组公式
❖ 使用函数计算数据
❖ 常用函数的应用

6.1 公式的使用

> **知识导读**
>
> 公式由一系列单元格的引用、函数以及运算符等组成，是对数据进行计算和分析的等式。在Excel中利用公式可以对表格中的各种数据进行快速的计算。下面将简单介绍运算符，以及公式的输入、复制和删除方法。

6.1.1 了解运算符

在使用公式计算数据时，运算符用于连接公式中的操作符，是工作表处理数据的指令。在Excel中，运算符的类型分为4种：算术运算符、比较运算符、文本运算符和引用运算符。

❖ 常用的算术运算符主要有：加号"+"、减号"-"、乘号"*"、除号"/"、百分号"%"以及乘方"^"。

❖ 常用的比较运算符主要有：等号"="、大于号">"、小于号"<"、小于或等于号"<="、大于或等于号">="以及不等号"<>"。

❖ 文本连接运算符只有与号"&"，该符号用于将两个文本值连接或串起来产生一个连续的文本值。

❖ 常用的引用运算符有：区域运算符":"、联合运算符","以及交叉运算符""（即空格）。

在公式的应用中，应注意每个运算符的优先级是不同的。在一个混合运算的公式中，对于不同优先级的运算，按照从高到低的顺序进行计算。对于相同优先级的运算，按照从左到右的顺序进行计算。

各种运算符的优先级（从高到低）为：冒号":"、空格""、逗号","、负数"-"、百分号"%"、乘方"^"、乘号"*"或除号"/"、加号"+"或减号"-"、连字符"&"、等号"="、小于号"<"、大于号">"、小于或等于号"<="、大于或等于号">="、不等号"<>"。

6.1.2 输入公式

公式可以在单元格或编辑栏中输入。输入公式都是以"="开始，然后再输入运算项和运算符，输入完毕按下"Enter"键后计算结果就会显示在单元格内。手动输入和使用鼠标辅助输入为输入公式的两种常用方法，下面分别进行介绍。

1. 手动输入

以在"职工工资统计表"中计算"应发工资"为例，手动输入公式的方法为：打开"职工工资统计表"工作簿，在F4单元格内输入公式"=C4+D4+E4"，按下"Enter"键，即可在F4单元格中显示计算结果。

	A	B	C	D	E	F	G
1							职工工资统计表
2	单位名称：						2016年11月
3	编号	姓名	基本工资	奖金	补贴	应发工资	扣保险
4	1	刘华	1550	6300	70	7920	
5	2	高辉	1550	598.4	70		
6	3	钟绵玲	1450	5325	70		
7	4	刘来	1800	3900	70		
8	5	葛庆阳	1250	10000	70		

F4   =C4+D4+E4

2. 使用鼠标辅助输入

在引用单元格较多的情况下，比起手动输入公式，有些用户更习惯使用鼠标辅助输入公式，方法如下。

01 开始输入

① 打开"职工工资统计表"工作簿，在F5单元格内输入等号"="。
② 单击C5单元格，此时该单元格周围出现闪动的虚线边框，可以看到C5单元格被引用到了公式中。

02 继续输入

① 在F5单元格中输入运算符"+"。
② 单击D5单元格，此时D5单元格也被引用到了公式中。
③ 用同样的方法引用E5单元格。

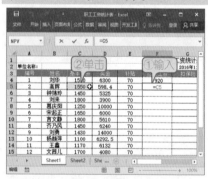

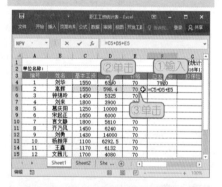

03 确认输入

完成后按下"Enter"键确认公式的输入，即可得到计算结果。

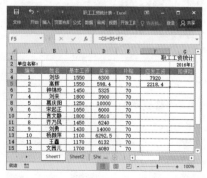

6.1.3 复制公式

在Excel中创建了公式后，如果想要将公式复制到其他单元格中，可以参照复制单元格数据的方法进行复制。方法如下。

❖ 将公式复制到一个单元格中：选中需要复制的公式所在的单元格，按下"Ctrl+C"组合键，然后选中需要粘贴公式的单元格，按下"Ctrl+V"组合键即可完成公式的复制，并显示出计算结果。

❖ 将公式复制到多个单元格中：选中要复制的公式所在的单元格，将光标指向该单元格的右下角，当鼠标光标变为╋形状时按住鼠标左键向下拖动，至目标单元格时释放鼠标左键，即可将公式复制到鼠标光标所经过的单元格中，并显示计算结果。

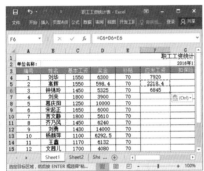 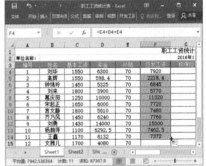

6.1.4 删除公式

选中公式所在的单元格，然后按下"Delete"键，即可同时删除该单元格中的数据和公式。

此外，用户还可以通过复制粘贴"值"的方式在删除单元格中公式的同时保留数据。方法为：选中目标单元格，按下"Ctrl+C"组合键复制该单元格中的公式和数值，然后单击"开始"选项卡中"剪贴板"组的"粘贴"下拉按钮，在打开的下拉菜单中单击"值"按钮即可。

6.2　单元格引用

知识导读

单元格的引用是指在Excel公式中使用单元格的地址来代替单元格及其数据。下面将介绍单元格引用样式、相对引用、绝对引用和混合引用的相关知识，以及在同一工作簿中引用单元格的方法和跨工作簿引用单元格的方法。

6.2.1　相对引用、绝对引用和混合引用

单元格引用的作用是标识工作表上的单元格或单元格区域，并指明公式中所用的数据在工作表中的位置。单元格的引用通常分为相对引用、绝对引用和混合引用。在默认情况下，Excel 2016使用的是相对引用。

1. 相对引用

使用相对引用，单元格引用会随公式所在单元格的位置变更而改变。如在相对引用中复制公式时，公式中引用的单元格地址将被更新，指向与当前公式位置相对应的单元格。

以"学生成绩表"为例：将F3单元格中的公式"=B3+C3+D3+E3"通过"Ctrl+C"和"Ctrl+V"组合键复制到F4单元格中，可以看到，复制到F4单元格中的公式更新为"=B4+C4+D4+E4"，其引用指向了与当前公式位置相对应的单元格。

2. 绝对引用

对于使用了绝对引用的公式，被复制或移动到新位置后，公式中引用的单元格地址保持不变。需要注意在使用绝对引用时，应在被引用单元格的行号和列标之前分别加入符号"$"。

以"学生成绩表"为例：在F3单元格中输入公式"=$B$3+$C$3+$D$3+$E$3"，此时再将F3单元格中的公式复制到F4单元格中，可发现两个单元格中的公式下面，并未发生任何改变。

3. 混合引用

混合引用是指相对引用与绝对引用同时存在于一个单元格的地址引用中。

如果公式所在单元格的位置改变，相对引用部分会改变，而绝对引用部分不变。混合引用的使用方法与绝对引用的使用方法相似，通过在行号和列标前加入符号"$"来实现。

以"学生成绩表"为例：在F3单元格中输入公式"=$B3+$C3+$D3+$E3"，此时再将F3单元格中的公式复制到G4单元格中，可发现两个公式中使用了相对引用的单元格地址改变了，而使用绝对引用的单元格地址不变。

6.2.2 同一工作簿中的单元格引用

Excel不仅可在同一工作表中引用单元格或单元格区域中的数据，还可引用同一工作簿中多张工作表上的单元格或单元格区域中的数据。在同一工作簿不同工作表中引用单元格的格式为"工作表名称！单元格地址"，如"Sheet1！F5"即为"Sheet1"工作表中的F5单元格。

以在"职工工资统计表"工作簿的"Sheet2"工作表中引用"Sheet1"工作表中的单元格为例，方法如下。

01 输入"="

在本例的"职工工资统计表"工作簿中，在"Sheet2"工作表的E3单元格中输入"="。

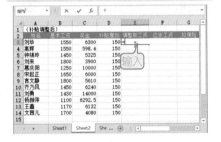

02 引用单元格

① 切换到"Sheet1"工作表。
② 选中F4单元格。

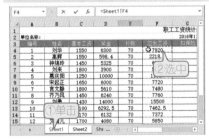

03 确认输入

此时按下"Enter"键确认输入，即可将"Sheet1"工作表F4单元格中的数据引用到"Sheet2"工作表的E3单元格中。

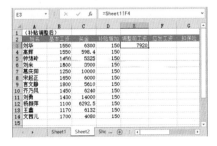

6.2.3 引用其他工作簿中的单元格

跨工作簿引用数据，即引用其他工作簿中工作表的单元格数据的方法，与引用同一工作簿不同工作表的单元格数据的方法类似。一般格式为：工作簿存储地址[工作簿名称]工作表名称! 单元格地址。

以在"工作簿1"的"Sheet1"工作表中引用"职工工资统计表"工作簿的"Sheet1"工作表中的单元格为例，方法如下。

01 输入 "="

同时打开"职工工资统计表"和"工作簿1"工作簿，在"工作簿1"的"Sheet1"工作表中选中F3单元格，输入"="。

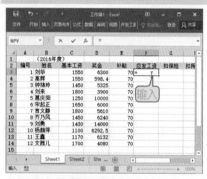

02 引用单元格

① 切换到"职工工资统计表"工作簿的"Sheet1"工作表。
② 选中F4单元格。

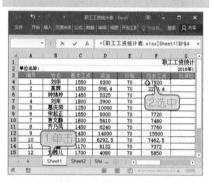

03 确认输入

此时按下"Enter"键，即可将"职工工资统计表"工作簿的"Sheet1"工作表中F4单元格内的数据引用到"工作簿1"的"Sheet1"工作表F3单元格中了。

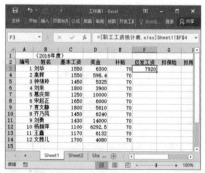

6.2.4 定义名称代替单元格地址

在Excel 2016中，可以定义名称来代替单元格地址，并将其应用到公式计算中，以便提高工作效率，减少计算错误。下面为单元格区域定义名称并将其应用到公式计算中，方法如下。

01 定义名称

① 打开工作簿，选中B2:B5单元格区域。

② 在编辑栏左侧的名称框中输入要创建的名称，然后按下"Enter"键确认即可快速定义名称。

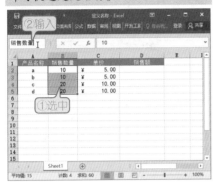

02 输入公式

为"销售数量"和"单价"定义名称后，在D2单元格中输入公式："=销售数量*单价"。

03 复制公式

按下"Enter"键确认，即可得到计算结果，利用填充柄将公式复制到相应单元格中，即可完成销售额的计算。

6.3 数组公式的使用方法

知识导读

数组公式与普通公式不同，是对两组或多组名为数组参数的值进行多项运算，然后返回一个或多个结果的一种计算公式。在Excel中，数组公式非常有用，下面将介绍数组公式的使用方法。

6.3.1 使用数组公式

公式和函数的输入都是从"="开始的，输入完成后按下"Enter"键，计算结果就会显示在单元格里。而要使用数组公式，在输入完成后，需要按下"Ctrl+Shift+Enter"组合键才能确认输入的是数组公式。正确输入数组公式后，才可以看到公式的两端出现数组公式标志性的一对大括号"{}"。

以求合计发放员工工资金额为例，使用数组公式计算，可以省略计算每个员工的实发工资这一步，直接得到合计发放工资金额。

方法为：在F5单元格中输入数组公式"=SUM(B2:B6-C2:C6)"（意为将B2:B6单元格区域中的每个单元格，与C2:C6单元格区域中的每个对应的单元格相减，然后将每个结果加起来求和），按下"Ctrl+Shift+Enter"组合键确认输入数组公式即可。

员工编号	应发工资	扣保险	实发工资
1	1500	170	
2	1550	170	
3	1600	170	
4	1800	170	
5	1850	170	
合计发放工资		7450	

C7 {=SUM(B2:B6-C2:C6)}

> **提 示**
> 如果需要将输入的数组公式删除，只需选中数组公式所在的单元格，然后按下"Delete"键即可。

6.3.2 修改数组公式

在Excel 2016中，对于创建完成的数组公式，如果需要进行修改，方法为：选中数组公式所在的单元格，此时数组公式将显示在编辑栏中，单击编辑栏的任意位置，数组公式将处于编辑状态，可对其进行修改，修改完成后按下"Ctrl+Shift +Enter"组合键即可。

6.4 使用函数计算数据

> **知识导读**
> 在Excel中将一组特定功能的公式组合在一起，就形成了函数。利用公式可以计算一些简单的数据，而利用函数则可以很容易地完成各种复杂数据的处理工作，并简化公式的使用。下面将简单介绍函数的相关知识，以及输入函数、使用嵌套函数、查询函数的方法。

6.4.1 认识函数

函数是一些预定义的公式，它们使用一些称为参数的特定数值按特定的顺序或结构进行计算。熟练地使用函数处理电子表格中的数据，可以节省编写公式的时间，提高工作效率。

1. 函数式的组成

在Excel中一个完整的函数式主要由标识符、函数名称和函数参数组成。下面将对其具体的功能进行介绍。

$$=IF（B3>A3,1,0）$$

标识符　　函数名称　　　函数参数

- ❖ 标识符：在Excel表格中输入函数式时，必须先输入"＝"号。"＝"号通常被称为函数式的标识符。
- ❖ 函数名称：函数要执行的运算，位于标识符的后面。通常是其对应功能的英文单词缩写。
- ❖ 函数参数：紧跟在函数名称后面的是一对半角圆括号"（）"，被括起来的内容是函数的处理对象，即参数表。

2. 函数参数的类型

函数的参数既可以是常量或公式，也可以为其他函数。常见的函数参数类型有以下几种。

- ❖ 常量参数：主要包括文本(如"苹果")、数值（如"1"）以及日期（如"2013-3-14"）等内容。
- ❖ 逻辑值参数：主要包括逻辑真（如"TURE"）、逻辑假（如"FALSE"）以及逻辑判断表达式等。
- ❖ 单元格引用参数：主要包括引用单个单元格（如A1）和引用单元格区域（如A1:C2）等。
- ❖ 函数式：在Excel中可以使用一个函数式的返回结果作为另外一个函数式的参数，这种方式称为函数嵌套，如"=IF（A1>8,"优",IF（A1>6,"合格","不合格"））"。
- ❖ 数组参数：函数参数既可以是一组常量，也可以为单元格区域的引用。

📶 **提示**
当一个函数式中有多个参数时，需要用英文状态的逗号将其隔开。

3. 函数的分类

在Excel的函数库中提供了多种函数，按函数的功能，通常可以将其分为以下几类。

- ❖ 文本函数：用来处理公式中的文本字符串。如TEXT函数可将数值转换为文本，LOWER函数可将文本字符串的所有字母转换成小写形式等。
- ❖ 逻辑函数：用来测试是否满足某个条件，并判断逻辑值。其中IF函数使用非常广泛。

❖ 日期和时间函数：用来分析或操作公式中与日期和时间有关的值。如DAY函数可返回以序列号表示的某日期在一个月中的天数等。

❖ 数学和三角函数：用来进行数学和三角方面的计算。其中三角函数采用弧度作为角的单位，如RADIANS函数可以把角度转换为弧度等。

❖ 财务函数：用来进行有关财务方面的计算。如DB函数可返回固定资产的折旧值，IPMT函数可返回投资回报的利息部分等。

❖ 统计函数：用来对一定范围内的数据进行统计分析。如MAX函数可返回一组数值中的最大值，COVAR函数可返回协方差等。

❖ 查找与引用函数：用来查找列表或表格中的指定值。如VLOOKUP函数可在表格数组的首列查找指定的值，并由此返回表格数组当前行中其他列的值等。

❖ 数据库函数：主要用来对存储在数据清单中的数值进行分析，判断其是否符合特定的条件。如DSTDEVP函数可计算数据的标准偏差。

❖ 信息函数：用来帮助用户鉴定单元格中的数据所属的类型或单元格是否为空等。

❖ 工程函数：用来处理复杂的数字，并在不同的计数体系和测量体系中进行转换，主要用在工程应用程序中。使用这类函数，还必须执行加载宏命令。

❖ 其他函数：Excel还有一些函数没有出现在"插入函数"对话框中，它们是命令、自定义、宏控件和DDE等相关的函数。此外，还有一些使用加载宏创建的函数。

6.4.2 输入函数

在工作表中使用函数计算数据时，如果对所使用的函数及其参数类型比较熟悉，可直接输入函数。此外，也可以通过"插入函数"对话框选择插入需要的函数。

1. 通过编辑栏输入

如果知道函数名称及语法，可直接在编辑栏内按照函数表达式输入。

方法为：选择要输入函数的单元格，用鼠标左键单击编辑，输入等号"="，然后输入函数名和左括号，紧跟着输入函数参数，最后输入右括号。函数输入完成后单击编辑栏上的"输入"按钮或按下"Enter"键确认输入即可。

例如，在单元格内输入"=SUM（F2:F5)"，意为对F2到F5单元格区域中的数值求和。

2. 通过快捷按钮插入

对于一些常用的函数式，如求和（SUM）、平均值（AVERAGE）、计数

（COUNT）等，可以利用"开始"或"公式"选项卡中的快捷按钮来实现输入。下面以求和函数为例，介绍通过快捷按钮插入函数的方法。

❖ 利用"开始"选项卡的快捷按钮：选中需要求和的单元格区域，在"开始"选项卡的"编辑"组中执行"自动求和"→"求和"命令即可。

❖ 利用"公式"选项卡的快捷按钮：选中需要显示求和结果的单元格，然后在"公式"选项卡的"函数库"组中执行"自动求和"→"求和"命令，然后拖动鼠标选中作为参数的单元格区域，按下"Enter"键确认输入，即可将计算结果显示到该单元格中。

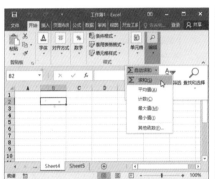 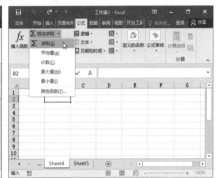

❖ 利用"函数库"的快捷按钮：选中需要输入函数的单元格，输入等号"="，然后在"公式"选项卡的"函数库"组中选择需要的函数类型，在对应的下拉列表中选择需要的函数，打开"函数参数"对话框，在其中设置好参数或参数所在单元格，最后单击"确定"按钮即可。

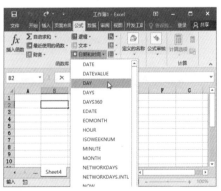 

3. 通过"插入函数"对话框输入

如果对函数不熟悉，那么使用"插入函数"对话框将有助于工作表函数的输入，方法如下。

01　打开"插入函数"对话框

① 打开工作簿，选中要显示计算结果的单元格，如E7单元格。
② 单击编辑栏中的"插入函数"按钮 f_x 。

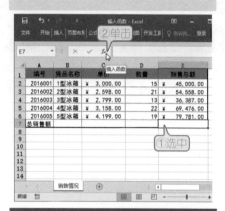

02　选择函数

① 弹出"插入函数"对话框，在"或选择类别"下拉列表框中选择函数类别，默认为"常用函数"，在"选择函数"列表框中选择需要的函数，如"SUM"求和函数。
② 单击"确定"按钮。

03　设置函数参数

① 弹出"函数参数"对话框，默认在"Number1"文本框中显示了函数参数，可根据需要对其进行设置。
② 单击"确定"按钮。

04　查看完成效果

返回工作表，即可在F4单元格中显示出计算结果。

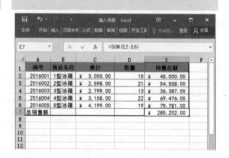

6.4.3　使用嵌套函数

　　使用一个函数或者多个函数表达式的返回结果作为另外一个函数的某个或多个参数，这种应用方式的函数称为嵌套函数。

　　例如，函数式"=IF(AVERAGE(A1:A3) >20,SUM(B1:B3),0)"，即一个简单的嵌套函数表达式。该函数表达式的意义为：在"A1:A3"单元格区域中数字的平均值大于20时，返回单元格区域"B1:B3"的求和结果，否则将返回"0"。

嵌套函数一般通过手动输入，输入时可以利用鼠标辅助引用单元格。以上面的函数式为例，输入方法为：选中目标单元格，输入"=IF("，然后输入作为参数插入的函数的首字母"A"，在出现的相关函数列表中双击函数"AVERAGE"，此时将自动插入该函数及前括号，函数式变为"=IF(AVERAGE("，手动输入字符"A1:A3) >20,"，然后仿照前面的方法输入函数"SUM"，最后输入字符"B1:B3),0)"，按下"Enter"键确认输入即可。

6.4.4 查询函数

只知道某个函数的类别或者功能，不知道函数名，可以通过"插入函数"对话框快速查找函数。切换到"公式"选项卡，然后单击"插入函数"按钮，就会弹出"插入函数"对话框，在其中查找函数的方法主要有两种。

❖ 方法一：单击下拉按钮打开"或选择类别"下拉列表框，按类别查找。

❖ 方法二：在"搜索函数"文本框中输入所需函数的功能描述文字，然后单击"转到"按钮，在"选择函数"列表框中就会出现系统推荐的函数。

此外，如果说明栏的函数信息不够详细、难以理解，在电脑连接了Internet网络的情况下，我们可以利用帮助功能。

方法为：在"选择函数"列表框中选中某个函数后，单击"插入函数"对话框左下方的"有关该函数的帮助"链接，打开"Excel帮助"网页，其中对函数进行了十分详细的介绍并提供了示例，足以满足大部分人的需求。直接在该网页的"搜索联机帮助"文本框中输入函数名或函数功能，然后单击"搜索"按钮，也可获得相应的帮助。

6.4.5　快速审核计算结果

为了快速审核使用公式和函数的计算结果，可以对公式进行分步求值，分步求出公式的计算结果（根据优先级求取）。如果公式没错误，使用该功能有助于加深对公式的理解；如果公式有错误，则可以快速地找出错误根源具体是在哪一步。方法如下。

01　打开"公式求值"对话框	**02　分步求值**
选中要分步求值的单元格，在"公式"选项卡的"公式审核"组中单击"公式求值"按钮，打开"公式求值"对话框。	① 打开"公式求值"对话框，连续单击"求值"按钮，即可对公式逐一求值。 ② 完成后单击"关闭"按钮即可。

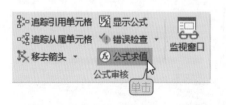

6.4.6　常见错误解析

如果工作表中的公式不能计算出正确的结果，系统会自动显示出一个错误值，如"####"、"#VALUE！"等。下面列出一些常见的错误字符的含义和解决方法，方便大家解决公式和函数使用中遇到的问题。

1. 解决####错误

错误原因：日期运算结果为负值、日期序列超过系统允许的范围或在显示数据时，单元格的宽度不够。

解决办法：出现以上错误，可尝试以下的操作。

❖ 更正日期运算函数式，使其结果为正值。

❖ 使输入的日期序列在系统的允许范围之内（1-2958465）。

❖ 调整单元格到合适的宽度。

2. 解决#DIV/0!错误

错误原因：当数字除以零（0）时，会出现此错误。如，用户在某个单元格中输函数式："＝A1/B1"，如果B1单元格为"0"或为空时，确认后函数式将返回上述错误。

解决办法：修改引用的空白单元格或在作为除数的单元格中输入不为零的值即可。

3. 解决#VALUE!错误

错误原因：出现#VALUE!错误的主要原因如下。

❖ 为需要单个值（而不是区域）的运算符或函数提供了区域引用。

❖ 当函数式需要数字或逻辑值时，输入了文本。

❖ 输入和编辑的是数组函数式，但却用回车键进行确认等。

解决办法：更正相关的数据类型，如果输入的是数组函数式，则在输入完成后，使用"Ctrl+Shift+Enter"组合键进行确认。

例如：在某个单元可知中输入函数式："＝A1+A2"，而A1或A2中有一个单元格内容是文本，确认后函数将会返回上述错误。

4. 解决#NUM!错误

错误原因：公式或函数中使用了无效的数值，会出现此错误。

解决办法：根据实际情况尝试下面的解决方案。

（1）在需要数字参数的函数中使用了无法接受的参数。

解决方法：请确保函数中使用的参数是数字，而不是文本、货币以及时间等其他格式。例如，即使要输入的值是￥1000，也应在公式中输入1000。

（2）使用了进行迭代的工作表函数，且函数无法得到结果。

解决方法：为工作表函数使用不同的起始值，或者更改Excel迭代公式的次数即可。

> 📶 **提 示**
>
> 迭代次数越高，Excel 计算工作表所需的时间就越长；最大误差值越小，结果就越精确，Excel 计算工作表所需的时间也越长。

（3）输入的公式所得出的数字太大或太小，无法在Excel中表示。

解决方法：更改公式，使运算结果介于 "-1×10307" 到 "1×10307" 之间。

5. 解决#NULL! 错误

错误原因：函数表达式中使用了不正确的区域运算符、不正确的单元格引用或指定两个并不相交的区域的交点等。

解决办法：如果使用了不正确的区域运算符，则需要将其进行更正，才能正确返回函数值，具体方法如下。

若要引用连续的单元格区域，可使用冒号分隔对区域中第一个单元格的引用和对最后一个单元格的引用。如SUM(A1:E1)引用的区域为从单元格A1到单元格E1。

若要引用不相交的两个区域，可使用联合运算符，即逗号 "，"。如对两个区域求和，可确保用逗号分隔这两个区域，函数表达式为：SUM(A1:A5,D1:D5)。

> **提 示**
>
> 如果是因为指定了两个不相交的区域的交点，则更改引用使其相交即可。

6. 解决#NAME? 错误

错误原因：当Excel无法识别公式中的文本时，将出现此错误。例如，使用了错误的自定义名称或名称已删除，函数名称拼写错误，引用文本时没有加引号（""），用了中文状态下的引号（" "）等；或者使用"分析工具库"等加载宏部分的函数，而没有加载相应的宏。

解决办法：首先针对具体的公式，逐一检查错误的对象，然后加以更正。如重新指定正确的名称、输入正确的函数名称、修改引号，以及加载相应的宏等，具体操作如下。

（1）使用了不存在的名称。

解决方法：用户可以通过以下操作查看所使用的名称是否存在。

在"公式"选项卡的"定义的名称"组中单击"名称管理器"按钮，打开"名称管理器"对话框，在其中查看名称是否列出，若名称在对话框中未列出，可以单击"新建"按钮添加名称。

> **注 意**
>
> 如果函数名称拼写错误，也将不能返回正确的函数值，因此在输入时应仔细。

（2）在公式中引用文本时没有使用（英文）双引号。

解决方法：虽然用户的本意是将输入的内容作为文本使用，但Excel会将其解释为名称。此时只需将公式中的文本用英文状态下的双引号括起来即可。

（3）区域引用中漏掉了冒号"："。

解决方法：请用户确保公式中的所有区域引用都使用了冒号"："。

（4）引用的另一张工作表，未使用单引号引起。

解决方法：如果公式中引用了其他工作表或者其他工作簿中的值或单元格，且这些工作簿或工作表的名字中包含非字母字符或空格，那么必须用单引号"'"将名称引起。如：='预报表　1月'!A1。

（5）使用了加载宏的函数，而没有加载相应的宏。

解决方法：加载相应的宏即可，具体操作方法如下。

01 打开"加载宏"对话框

① 切换到"文件"选项卡，单击"选项"命令，打开"Excel选项"对话框，切换到"加载项"选项卡。
② 在右侧窗口的"管理"下拉列表中选择"Excel加载项"选项。
③ 单击"转到"按钮。

02 加载宏

① 在打开的"加载宏"对话框中勾选需要加载的宏。
② 单击"确定"按钮。
③ 返回"Excel选项"对话框，单击"确定"按钮即可。

7. 解决#REF!错误

错误原因：当单元格引用无效时，会出现此错误，如函数引用的单元格（区域）被删除、链接的数据不可用等。

解决办法：出现上述错误时，可尝试以下操作。

❖ 修改函数式中无效的引用单元格。

❖ 调整链接的数据，使其处于可用的状态。

8. 解决#N/A错误

错误原因：错误值"#N/A"表示"无法得到有效值"，即当数值对函数或公式不可用时，会出现此错误。

解决办法：可以根据需要，选中显示错误的单元格，执行"公式"选项卡"公式审核"组中的"错误检查"命令，检查下列可能的原因并进行解决。

（1）缺少数据，在其位置输入了#N/A或NA()。

解决方法：遇到这种情况，用新的数据代替"#N/A"即可。

（2）为MATCH、HLOOKUP、LOOKUP或VLOOKUP等工作表函数的lookup_value参数赋予了不正确的值。

解决方法：确保lookup_value参数值的类型正确即可。

（3）在未排序的工作表中使用VLOOKUP、HLOOKUP或MATCH工作表函数来查找值。

解决方法：在默认情况下，在工作表中查找信息的函数必须按升序排序。但VLOOKUP函数和HLOOKUP函数包含一个range_lookup参数，该参数允许函数在未进行排序的表中查找完全匹配的值。若用户需要查找完全匹配值，可以将range_lookup参数设置为"FALSE"。

此外，MATCH函数包含一个match_type参数，该参数用于指定列表查找匹配结果时必须遵循的排序次序。若函数找不到匹配结果，可尝试更改match_type参数；若要查找完全匹配的结果，需将match_type参数设置为0。

（4）数组公式中使用的参数的行数（列数）与包含数组公式的区域的行数（列数）不相同。

解决方法：若用户已在多个单元格中输入了数组公式，则必须确保公式引用的区域具有相同的行数和列数，或者将数组公式输入到更少的单元格中。

例如，在高为10行的区域（A1:A10）中输入数组公式，但公式引用的区域（C1:C8）高为8行，则区域 C9:C10中将显示"#N/A"。要更正此错误，可以在较小的区域中输入公式，如"A1:A8"，或者将公式引用的区域更改为相同的行数，如"C1:C10"。

（5）内置或自定义工作表函数中省略了一个或多个必需的参数。

解决方法：将函数中的所有参数完整输入即可。

（6）使用的自定义工作表函数不可用。

解决方法：请确保包含自定义工作表函数的工作簿已经打开，而且函数工作正常。

（7）运行的宏程序输入的函数返回#N/A。

解决方法：请确保函数中的参数输入正确且位于正确的位置。

6.5 常用函数的应用

知识导读

为了在实际工作中熟练应用函数，在掌握了函数的基本用法后，应该进一步熟悉一些常用的函数。下面将详细介绍Excel常用函数的应用，包括常用文本函数、日期时间函数、数学和三角函数、逻辑和信息函数、统计和财务函数、查找和引用函数等方面。

6.5.1 使用文本函数提取和转换数据

在日常工作中，文本函数的一个重要用处，就是用于提取和转换表格数据。例如，从身份证号码中提取并排齐出生年月日，将数字转换为大写汉字，返回文本字符串的字符数等。

1. 提取出生日期

要从身份证号码中提取出生日期，可以使用文本函数中的MID函数，再结合连接符"&"，可轻松实现这一目的。

函数MID的作用就是"从文本字符串中指定的起始位置起，返回指定长度的字符"。

其函数语法为：=MID(text,start_num,num_chars)。其中各项参数的含义如下。

❖ 参数text：为包含要提取字符的文本字符串。

❖ 参数start_num：用于指定文本中要提取的第一个字符的位置。

❖ 参数num_chars：用于指定从文本中返回字符的个数。

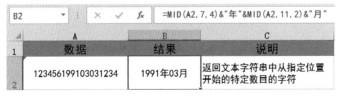

	A	B	C
	数据	结果	说明
B2	=MID(A2,7,4)&"年"&MID(A2,11,2)&"月"		
1	123456199103031234	1991年03月	返回文本字符串中从指定位置开始的特定数目的字符

2. 将数字转换为大写汉字

在制作财务单据这类表格的时候，常常需要输入大写汉字格式的金额。而使用NUMBERSTRING函数，可以将输入的数字转换为大写汉字，省去不少麻烦。

函数NUMBERSTRING的语法为：=NUMBERSTRING(value,type)。其中各项参数

的含义如下。

❖ 参数Value：用于指定数值或数值所在的单元格。
❖ 参数Type：用于指定汉字的表示方法，为"1"则使用"十百千万"方式表示汉字，如将"123"转换为"一百二十三"；为"2"使用大写汉字方式，如"壹佰贰拾三"；为"3"则按原样表示，如"一二三"。

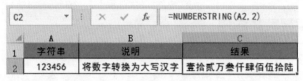

3. 返回文本字符串的字符数

某些时候，我们需要返回，或者说计算出文本字符串的字符数，用来作为嵌套函数的某一参数。我们可以使用LEN函数轻松实现这一目的。

函数LEN的语法为：=LEN(text)。其中的参数text为要计算其长度的文本，而空格将作为字符进行计数。

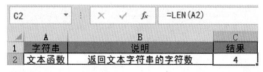

> 📶 **注意**
>
> 函数LEN面向使用单字节字符集 (SBCS) 的语言，无论默认语言设置如何，函数LEN始终将每个字符（不管是单字节还是双字节）按I计数。

6.5.2 使用逻辑函数对数据执行真假判断

在Excel中逻辑函数只有有限的几个，其中AND、OR、NOT函数常用来创建条件公式，在嵌套函数中使用。这种条件公式的创建很简单，可以参考下表。

	A	B
1	条件	公式
2	a>b，并且a>c	=AND（a>b, a>c）
3	a>b，或者a>c	=OR（a>b, a>c）
4	a不等于b	=NOT(a=b)

而逻辑函数中，应用最广泛的就是IF函数了。IF函数最多可以嵌套7层，用于进行条件复杂的数据真假值判断。有一个很经典的IF函数应用范例就是计算个人所得税。根据月工资额度，应缴纳的个人所得税税率呈阶梯变化，使用IF函数嵌套多重条件，就可以根据个人所得税税率相关规定，计算应缴纳的金额。

H3 | fx =IF(F3<=500,F3*0.05,IF(F3<=2000,F3*0.1-25,IF(F3<=5000,F3*0.15-125,IF(F3<=20000,F3*0.2-375))))

	A	B	C	D	E	F	G	H	I
1	单位名称：						时间：	2016年11月1日	
2	编号	姓名	基本工资	奖金	补贴	应发工资	扣保险	扣所得税	实发工资
3	1	甲一	1550	6300	70	7920	155	1209	6556
4	2	乙二	1550	598.4	70	2218.4	155	207.76	1855.64
5	3	张三	1450	5325	70	6845	145	994	5706
6	4	李四	1800	3900	70	5770	180	779	4811
7	5	赵五	1250	10000	70	11320	125	1889	9306
8	6	周六	1650	6000	70	7720	165	1169	6386
9	7	高七	1800	5610	70	7480	180	1121	6179
10	8	楚八	1450	6240	70	7760	145	1177	6438
11	9	郑九	1430	14000	70	15500	143	2725	12632
12	10	王十	1100	6292.5	70	7462.5	110	1117.5	6235

IF函数的用处数不胜数，我们再看一个经典的IF函数使用范例，用IF函数评定成绩等级。

D2 | fx =IF(C2>89,"优",IF(C2>79,"良",IF(C2>69,"中",IF(C2>59,"差","劣"))))

	A	B	C	D
1	编号	姓名	综合成绩	等级
2	1	甲一	89	良
3	2	乙二	95	优
4	3	张三	78	中
5	4	李四	62	差
6	5	赵五	45	劣

6.5.3 使用日期和时间函数处理时间

日期和时间函数常常用在时间的处理上，比如通过TODAY函数和NOW函数，输入可以随着系统及时更新的日期和时间。

输入当前日期	=TODAY()
输入当前时间	=NOW()

此外，还可以转换时间单位、计算时间差、对日期和时间求和等。

1. 转换时间单位

1年=365天，1天=24小时，1小时=60分钟，1分钟=60秒。为了快速完成时间单位的换算，我们可以利用CONVERT函数。

函数CONVERT的作用就是将数字从一个度量系统转换到另一个度量系统，其函数语法为：=CONVERT(number,from_unit,to_unit)。其中各项参数的含义如下。

❖ 参数number：指以from_units为单位的需要进行转换的数值。

❖ 参数from_unit：是数值number的单位。

❖ 参数to_unit：为转换后的单位。

	A	B	C	D
1	数据	说明	公式	转换结果
2	5	将小时转换为分钟	=CONVERT(A2,"hr","mn")	300
3	5	将小时转换为秒	=CONVERT(A3,"hr","sec")	18000
4	8	将年转换为天数	=CONVERT(A4,"yr","day")	2922

> 📶 **提 示**
>
> 在输入参数from_unit和参数to_unit时，Excel将提示可输入的单位。

2. 计算时间差

要计算两个日期之间有多少个工作日，两个日期之间有几个月、几年……这些都可以通过日期和时间函数来轻松实现。不过在学习计算时间差之前，先要看看怎么从日期数据中提取出"年、月、日"。因为在计算时间差的过程中，有大很的机会用到YEAR、MONTH、DAY函数。

	A	B	C	D
1	数据	说明	公式	结果
2	2016/3/14	提取"年"	=YEAR(A2)	2016
3		提取"月"	=MONTH(A2)	3
4		提取"日"	=DAY(A2)	14

下面使用NETWORKDAYS函数计算两个日期之间的工作日。

D2	▾	:	×	✓	f_x	=NETWORKDAYS(A2,B2)

	A	B	C	D
1	开始日期	结束日期	说明	时间差
2	2016/1/2	2016/1/12	计算两个日期之间的工作日	7

NETWORKDAYS函数用于返回两个日期之间的工作日数值，该函数的语法为：=NETWORKDAYS(start_date, end_date, [holidays])。各参数的含义介绍如下。

❖ 参数Start_date，表示一个代表开始日期的日期。

❖ 参数End_date，表示一个代表终止日期的日期。

❖ 参数Holidays为可选项，指不在工作日历中的一个或多个日期所构成的可选区域，例如，省/市/自治区和国家/地区的法定假日以及其他非法定假日。该列表可以是包含日期的单元格区域，或者是表示日期序列号的数组常量。

再看看如何利用YEAR、MONTH、DAY函数计算两个日期之间的年份数、月份数、天数。

	A	B	C	D	E
1	开始日期	结束日期	说明	公式	时间差
2	2011/3/5	2016/3/14	计算日期之间的年份数	=YEAR(B2)-YEAR(A2)	5
3	2014/3/5	2016/6/14	计算同年的日期之间的月份数	=MONTH(B3)-MONTH(A3)	3
4	2014/3/5	2016/6/14	计算隔年的日期之间的月份数	=(YEAR(B4)-YEAR(A4))*12+MONTH(B4)-MONTH(A4)	27
5	2014/3/5	2016/3/14	计算两个日期之间的天数	=B5-A5	740
6		2016/12/14	计算当前日期距某日期的天数	=B6-TODAY()	93

3. 对日期和时间求和

所谓对日期和时间求和，其实就是在某个日期（时间）的基础上，追加天数、月数、年数（小时数、分钟数、秒数）等。

下面就来看看如何对日期和时间求和。

	A	B	C	D	E
1	日期（时间）	追加	说明	公式	结果
2	2016/3/14	5	追加年数	=DATE(YEAR(A2)+B2,MONTH(A2),DAY(A2))	2021/3/14
3	2016/3/15	10	追加月数	=DATE(YEAR(A3),MONTH(A3)+B3,DAY(A3))	2017/1/15
4	2016/3/16	40	追加天数	=DATE(YEAR(A4),MONTH(A4),DAY(A4)+B4)	2016/4/25
5	10:25:05	12:13:15	追加时间（24小时制）	=A5+B5	22:38:20
6	10:25:10 AM	3:15:20	追加时间（12小时制）	=A6+TIME(3,15,20)	1:40:30 PM

> **注意**
> 需要注意单元格数字格式的设置，避免日期和时间求和结果所在的单元格出现显示错误。

其中使用的DATE函数的语法为：=DATE(year, month, day)。TIME函数的语法为：=TIME(hour, minute, second)。

6.5.4 使用财务函数计算投资的未来值

通过Excel的财务函数，可以轻松完成利息、支付额、利率和收益率等复杂的财务计算。比如计算贷款的月支付额、累计偿还金额，计算年金的各期利率，计算资产折旧值，计算证券价格和收益等。

例如，需要知道某项投资的未来收益情况，如N年后的存款总额，我们可以通过FV函数实现。

FV函数的语法为：=FV(rate,nper,pmt,pv,type)。其中各参数的含义如下。

* Rate：各期利率。
* Nper：总投资期，即该项投资的付款期总数。
* Pmt：各期所应支付的金额，其数值在整个年金期间保持不变，通常Pmt包括本金和利息，但不包括其他费用及税款，如果忽略Pmt，则必须包括Pv参数。
* Pv：现值，即从该项投资开始计算时已经入账的款项，或一系列未来付款的当前值的累积和，也称为本金，如果省略Pv，则假设其值为零，并且必须包括Pmt参数。
* Type：数字0或1，用以指定各期的付款时间是在期初还是期末。如果省略Type，则假设其值为零。

> **提示**
> 由于投资是先付出金额，因此在输入计算公式时，参数"Pmt"和参数"Pv"应为负数，这样得出的计算结果才为正数，即未来的收益金额。

下面给定条件：年利率为6%，总投资期为10年，各期应付500元，现值为500元，计算未来值。

B5		× ✓ fx	=FV(B1/12,B2,B3,B4)

	A	B	C
1	数据	6%	利率
2		10	付款总期数
3		¥ −500.00	各期应付金额
4		¥ −500.00	现值
5	计算结果	¥5,639.58	投资的未来值

6.5.5 使用统计函数计算单元格个数

Excel的统计函数数量庞大，除了满足专业的统计需要，也用来计算概率分布和检验、计算协方差与回归等，在日常工作中，更多的作用是处理一些基础的统计计算。比如计算满足条件的单元格的个数、几何平均值、返回数据集中第K个最大值、基于样本估算标准偏差等。

下面举个具体的例子来看看，如何使用COUNTIF函数计算区域中满足给定条件的单元格的个数。

COUNTIF函数的语法为：=COUNTIF(range,criteria)。其中各参数的含义如下。

❖ 参数range：需要计算其中满足条件的单元格数目的单元格区域。
❖ 参数criteria：确定哪些单元格将被计算在内的条件，其形式可以为数字、表达式、单元格引用或文本。

计算"数学"成绩不及格（小于90分）的人数，如下表所示。

E12		× ✓ fx	=COUNTIF(C2:C11,"<90")	

	A	B	C	D	E
1	学生姓名	语文	数学	英语	总成绩
2	甲一	89	133	102	324
3	乙二	90	110	98	298
4	张三	112	89	132	333
5	李四	125	123	111	359
6	赵五	110	102	89	301
7	周六	128	95	120	343
8	高七	95	86	133	314
9	楚八	86	123	120	329
10	郑九	106	108	110	324
11	王十	117	102	95	314
12	统计：数学成绩不及格（<90分）的人数				2

6.5.6 使用查找与引用函数查找值

查找与引用函数常被用来查找单元格区域中的数值。其中HLOOKUP函数、VLOOKUP函数和LOOKUP函数在日常工作中应用十分广泛。

1. 通过与首行的值对比来查找值

当比较值位于数据表的首行，并且要查找下面给定行中的数据时，可以通过HLOOKUP函数来实现。该函数的语法为：=HLOOKUP（lookup_value,table_array, row_index_num,range_lookup）。其中各参数的含义介绍如下。

❖ 参数lookup_value：用数值或数值所在的单元格指定在数组第一行中查找的数值。

❖ 参数table_array：指定查找范围，即需要在其中查找数据的信息表。如果range_lookup为TRUE，则table_array第一行的数值必须按升序排列，……-2、-1、0、1、2、……、A-Z、FALSE、TRUE，否则，函数HLOOKUP将不能给出正确的数值。如果range_lookup为FALSE，则table_array不必进行排序。

❖ 参数row_index_num：为table_array中待返回的匹配值的行号。row_index_num为1时，返回table_array第一行的数值；row_index_num为2时，返回table_array第二行的数值，以此类推。如果row_index_num小于1时，则HLOOKUP返回错误值#VALUE!；如果row_index_num大于table_array的行数时，则HLOOKUP返回错误值#REF。

❖ 参数range_lookup：用TRUE或FALSE指定查找方法。

下面具体来看看，例如，在成绩表中查找名为"李四"的学生的英语成绩。

C10		fx	=HLOOKUP("英语",A1:E9,5)	
	A	B	C	D	E
1	学生姓名	语文	数学	英语	总成绩
2	甲一	89	133	102	324
3	乙二	90	110	98	298
4	张三	112	142	132	386
5	李四	125	123	111	359
6	赵五	110	102	89	301
7	周六	128	95	120	343
8	高七	95	86	133	314
9	楚八	86	123	120	329
10	查找"李四"英语成绩		111		

2. 通过与首列的值对比来查找值

如果需要查找的值与其首列中的值有对应关系，可以通过VLOOKUP函数实现。该函数的语法为：=VLOOKUP（lookup_value,table_array,col_index_num,range_lookup）。其中各参数的含义如下。

❖ 参数lookup_value：用数值或数值所在的单元格指定在数组第一列中查找的数值。如果为lookup_value参数提供的值小于table_array参数第一列中的最小值，则VLOOKUP将返回错误值#N/A。

❖ 参数table_array：指定查找范围。

❖ 参数col_index_num：为table_array中待返回的匹配值的列号。当col_index_num参数为1时，返回table_array第一列中的值；col_index_num为2时，返回table_array第二列中的值，依此类推。

❖ 参数range_lookup：一个逻辑值，指定希望VLOOKUP函数查找精确匹配值还是近似匹配值。如果range_lookup为TRUE或被省略，则返回精确匹配值或近似匹配值。如果找不到精确匹配值，则返回小于lookup_value的最大值。

> 📎 **注　意**
>
> 如果参数range_lookup为TRUE或被省略，则必须按升序排列table_array第一列中的值；否则，VLOOKUP函数可能无法返回正确的值。

　　假设某学校规定学生的综合实践成绩评级标准为：60分以下为D级，60分（包含60）至80分为C级，80分（包含80）至90分为B级，90分（包含90）以上为A级。下面来看看如何灵活应用VLOOKUP函数。将B列中的学生成绩转换为等级评价。

3. 通过向量查找值

　　这里所说的"向量"，是指Excel表格中的单行区域或单列区域。如果需要从向量中查找一个值，可以使用LOOKUP函数。该函数的语法为：=LOOKUP（lookup_value,lookup_vector,result_vector）。各参数的含义介绍如下。

❖ 参数lookup_value：函数在第一个向量中搜索的值。

❖ 参数lookup_vector：指定检查范围，只包含一行或一列的区域。

> 📎 **注　意**
>
> lookup_vector中的值必须以升序排列，例如……,-2, -1, 0, 1, 2, ……, A–Z, FALSE, TRUE。否则，函数可能无法返回正确的值。而大写的文本和小写文本是等同的。

❖ 参数result_vector：指定函数返回值的单元格区域，只包含一行或一列的区域。

　　下面以根据员工姓名查找银行账号为例，看看LOOKUP函数的使用方法。

B13		▾	:	×	✓	fx	=LOOKUP(A13, B3:B11, J3:J11)		

▲	A	B	C	D	E	F	G	H	I	J
1	单位名称:					时间:	2016年5月1日			
2	编号	姓名	基本工资	奖金	补贴	应发工资	扣保险	扣所得税	实发工资	银行账号
3	1	甲一	1550	6300	70	7920	155	1209	6556	888888881234567801
4	2	乙二	1550	598.4	70	2218.4	155	207.76	1855.64	888888881234567802
5	3	张三	1450	5325	70	6845	145	994	5706	888888881234567803
6	4	李四	1800	3900	70	5770	180	779	4811	888888881234567804
7	5	赵五	1250	10000	70	11320	125	1889	9306	888888881234567805
8	6	周六	1650	6000	70	7720	165	1169	6386	888888881234567806
9	7	高七	1800	5610	70	7480	180	1121	6179	888888881234567807
10	8	楚八	1450	6240	70	7760	145	1177	6438	888888881234567808
11	9	郑九	1430	14000	70	15500	143	2725	12632	888888881234567809
12	姓名	银行账号								
13	李四	888888881234567801								

6.5.7　使用信息和工程函数检查与换算数据

信息函数主要用来返回相应信息、检查数据和转换数据等，工程函数则主要用来进行进制间的换算和计算复数等。下面看看几个具体用法。

1. 返回相应信息函数

当某一个函数的计算结果取决于特定单元格中数值的类型时，可以使用TYPE函数，以返回数值的类型。

TYPE函数的语法为：=TYPE（value）。其中参数value可以为任意Excel数值。下面看看TYPE函数的用法。

▲	A	B	C	D
1	数据	公式	结果	说明
2	1	=TYPE(A2)	1	返回数据的类型（参数为数值）
3	文本	=TYPE(A3)	2	返回数据的类型（参数为文本）
4	TRUE	=TYPE(A4)	4	返回数据的类型（参数为逻辑值）
5	#REF!	=TYPE(A5)	16	返回数据的类型（参数为错误值）
6		=TYPE({1,2,3,4})	64	返回数据的类型（参数为数组）

❖ 参数的数据类型为数值时，返回值为1。
❖ 参数的数据类型为文本时，返回值为2。
❖ 参数的数据类型为逻辑值时，返回值为4。
❖ 参数的数据类型为错误值时，返回值为16。
❖ 参数的数据类型为数组时，返回值为64。

2. 数据检查与转换

使用信息函数，可以轻松检查数据是否为文本、奇数、偶数、逻辑值、空值、错误值等。如果需要将参数中指定的不是数值形式的值转换为数值形式，可通过N函数实现。N函数的语法为：=N(value)。其中参数value为指定转换为数值的值。

下面简单介绍使用N函数将不同类型的数据转换后的返回值。

	A	B	C	D
1	数据	公式	结果	说明
2	10	=N(A2)	10	转换为数值形式（参数为数值）
3	文本	=N(A3)	0	转换为数值形式（参数为文本）
4	2016/3/14	=N(A4)	42443	转换为数值形式（参数为日期）
5	TRUE	=N(A5)	1	转换为数值形式（参数为逻辑值TURE）
6	FALSE	=N(A6)	0	转换为数值形式（参数为逻辑值FALSE）
7	#REF!	=N(A7)	#REF!	转换为数值形式（参数为错误值）

❖ 数据类型为数值，返回值将为数值。
❖ 数据类型为文本，返回值将为0。
❖ 数据类型为日期，返回值将为该日期的序列号。
❖ 数据类型为逻辑值TRUE，返回值将为1。
❖ 数据类型为逻辑值FALSE，返回值将为0。
❖ 数据类型为错误值，返回值也为错误值。

3. 数据换算

使用工程函数进行数据换算的方法很简单。例如，将二进制数与十进制数进行换算，只需要使用BIN2DEC函数和DEC2BIN函数即可。

其中DEC2BIN函数用于将十进制数转换为二进制数。DEC2BIN函数的语法为：=DEC2BIN(number,places)。各参数的含义介绍如下。

❖ 参数Number：待转换的十进制数。
❖ 参数Places：要使用的字符数。如果省略，函数将用能表示此数的最少字符来表示。

而要将二进制数转换为十进制数，可以通过BIN2DEC函数来实现。该函数的语法为：=BIN2DEC(number)。其中参数number为待转换的二进制数。下面看看具体使用效果。

	A	B	C	D
1	数据	公式	结果	说明
2	1010111	=BIN2DEC(A2)	87	将二进制数转换为十进制数
3	25	=DEC2BIN(A3)	11001	将十进制数转换为二进制数

6.5.8 使用其他函数

Excel的功能十分强大，除了前面介绍的函数类型，Excel中还包含数据库函数、外部函数和多维数据集函数等。其中数据库函数用于对列表或数据库中的数据进行分析；外部函数用于从Excel以外的程序中提取数据或进行欧洲货币换算的函数；多维数据集函数用于返回多维数据集中的成员、属性值和项目数等。

下面具体看看使用数据库函数计算员工销售额的方法。这里用到了DPRODUCT函数，该函数的作用是返回数据库的列中满足指定条件的数值乘积。

DPRODUCT函数的语法为：=DPRODUCT（Database,field,Criteria）。其中各

参数的含义如下。

❖ 参数Database：构成列表或数据库的单元格区域，或者单元格区域的名称。
❖ 参数Field：指定函数所使用的数据列。

> **注　意**
> 列表中的数据里必须在第一行居于标志项。参数Field为文本时，两端用带引号的标志项，如"销售额"。此外，参数Field也可为代表列表中数据列位置的数字。

❖ 参数Criteria：为一组包含给定条件的单元格区域。

使用DPRODUCT函数计算员工销售额的方法为：打开工作表，在A1:E3单元格区域中输入员工姓名、销售量和单价等相关数据，在A5:E7单元格区域中输入检索条件，将其作为条件区域，在B9单元格中输入公式"=DPRODUCT($A$1:$E$3,COLUMN(B1), $A$5:$E$7)"，按下"Enter"键确认，得到第1个员工的销售额，使用填充柄将公式复制到C9至E9单元格中，结果如下图所示。

这里使用了绝对引用来限定数据区域和条件区域的范围，如"$A$1:$E$3"，避免在使用填充柄复制公式时，因为默认的相对引用而造成数据错误。

> **提　示**
> COLUMN函数用于返回指定单元格引用的列号，其语法为：=COLUMN（reference），其中参数reference为可选项，为要返回其列号的单元格或区域。如果省略该参数，并且函数是以水平数组公式的形式输入的，则COLUMN函数将以水平数组的形式返回参数reference的列号。

6.6 课堂练习

练习一：制作财务核对表

▶ **任务描述：**

本节将制作一个"财务核对表"，目的在于使读者用本章所学的知识，能在实践中熟练公式和函数的使用。

核对项目	账簿	期初余额	本期借方发生额	本期贷方发生额	期末余额	结论
			财务核对表			
现金账务核对	现金日记账	63800.00	19700.00	18970.00	64530.00	正确
	现金总账	63800.00	19700.00	18970.00	64530.00	
	是否平衡	平衡	平衡	平衡	平衡	
银行存款账务核对	银行存款日记账	258023.74	97500.00	76550.00	278973.74	错误
	银行存款总账	256023.74	97500.00	76650.00	276879.74	
	是否平衡	不平衡	平衡	不平衡	不平衡	

▶ **操作思路：**

01 新建一个名为"财务核对表"的工作簿。

02 根据需要输入文本内容，并设置单元格格式与表格样式等。

03 利用IF函数进行是否平衡与结论是否正确的计算，例如，在C5单元格中输入公式"=IF(C3=C4,"平衡","不平衡")"，在G3单元格中输入公式"=IF(C5="平衡",IF(D5="平衡",IF(E5="平衡",IF(F5="平衡","正确","错误"),"错误"),"错误"),"错误")"。

04 选中表格区域，设置条件格式，在计算结果为"错误"时，字体颜色为红色。

`练习二：制作原料明细账`

▶ **任务描述：**

本节将制作一个"原料明细账"，目的在于使读者用本章所学的知识，能在实践中熟练公式和函数的使用。

2016	年	凭证号数	摘要	页数	收入			支出			余额		
月	日				单价	数量	金额	单价	数量	金额	单价	数量	金额
		上月余额									1.33	600	800.00
11	1	2114	入库		1.30	500	650.00				1.32	1100	1450.00
	2	2135	入库		1.50	200	300.00				1.35	1300	1750.00
	3	2148	入库		1.40	400	560.00				1.36	1700	2310.00
	4	2203	生产发料					1.30	400	520.00	1.38	1300	1790.00
		合计				1100	1510.00		400	520.00		700	990.00

（原料名称：原料A 规格：12mm 单位：个 —— 原料 明细账）

01 新建一个名为"明细账"的工作簿。

02 根据需要输入文本内容，并设置单元格格式与表格样式等。

03 利用公式和SUM函数进行金额与合计等项目的计算。

6.7 课后答疑

问：如何更改Excel迭代公式的次数？

答：在Excel中，更改Excel迭代公式的次数的方法为：打开"Excel选项"对话框，在"公式"选项卡的"计算选项"栏中勾选"启用迭代计算"复选框，然后分别设置"最多迭代次数"和"最大误差"，设置完成后单击"确定"按钮即可。

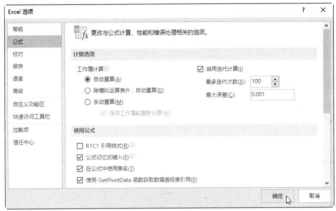

问：如何编辑与删除定义的名称？

答：在Excel中定义名称之后，还可以根据需要，对定义的名称进行编辑和删除操作，方法如下。

❖ 在"公式"选项卡的"定义的名称"组中单击"名称管理器"按钮，打开"名称管理器"对话框，在其中选选择需要删除的名称，单击"删除"按钮，然后在弹出的提示对话框中确认删除即可。

❖ 在"公式"选项卡的"定义的名称"组中单击"名称管理器"按钮，打开"名称管理器"对话框，选中需要编辑的名称，单击"编辑"按钮，在弹出的"编辑名称"对话框中根据需要进行设置，完成后单击"确定"按钮，即可修改定义的名称。

问：数组常量是什么？

答：在普通公式中，可输入包含数值的单元格引用，或数值本身，其中该单元格引用与数值被称为常量。同样，在数组公式中也可输入数组引用，或包含在单元格中的数值数组，其中该数组引用和数值数组被称为数组常量。数组公式可以按与非数组公式相同的方式使用常量，但是必须按特定格式输入数组常量。数组常量可包含数字、文本、逻辑值（如TRUE、FALSE或错误值#N/A）。数字可以是整数型、小数型或科学计数法形式，文本则必须使用引号引起来，例如"星期一"。在同一个常量数组中可以使用不同类型的值，如{1，3，4；TRUE，FALSE，TRUE}。数组常量不包含单元格引用、长度不等的行或列、公式或特殊字符 $（美元符号）、括弧或 %（百分号）。

在使用数组常量或者设置数组常量的格式时，需要注意以下几个问题。

❖ 数组常量应置于大括号({ }) 中。

❖ 不同列的数值用逗号（,）分开。例如，若要表示数值10、20、30和40，必须输入{10,20,30,40}。这个数组常量是一个 1 行 4 列数组，相当于一个1行4列的引用。

❖ 不同行的值用分号（;）隔开。例如，如果要表示一行中的 10、20、30、40 和下一行中的50、60、70、80，应该输入一个2行4列的数组常量{10,20,30,40;50,60,70,80}。

第7章
数据统计与分析

凭借Excel提供的强大的数据处理和分析功能，我们可以轻松完成数据处理和分析的工作。本章将详细介绍在Excel中进行数据排序、数据筛选，以及数据分类汇总的相关知识。

本章要点：

❖ 数据筛选
❖ 数据排序
❖ 数据的分类汇总

7.1 数据筛选

知识导读

在Excel中，数据筛选是指只显示符合用户设置条件的数据信息，同时隐藏不符合条件的数据信息。用户可以根据实际需要进行自动筛选、高级筛选或自定义筛选。

7.1.1 自动筛选

在Excel中，自动筛选是按照选定的内容进行筛选。主要用于简单的条件筛选和指定数据的筛选。

1. 简单条件的筛选

以在"销售情况"工作表中筛选名为"显示器"的产品为例，进行简单条件筛选的方法如下。

将光标定位到工作表的数据区域中，在"开始"选项卡的"编辑"组中执行"排序和筛选"→"筛选"命令，进入数据筛选状态，单击需要进行筛选的字段名右侧出现的下拉按钮，如单击"产品名称"字段右侧的下拉按钮，在打开的下拉列表中选择要筛选的选项，如只勾选"显示器"复选框，完成后单击"确定"按钮即可。

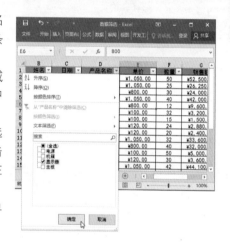

提 示

筛选后，工作表中将只显示出符合筛选条件的数据信息，同时"产品名称"右侧的下拉按钮变为 形状。

如果需要重新显示出工作表中被隐藏的数据，有几种方法。

❖ 单击"产品名称"字段右侧的按钮，在打开的下拉列表框中勾选"全选"复选框，然后单击"确定"按钮即可。

❖ 在"开始"选项卡的"编辑"组中单击"排序与筛选"下拉按钮，在打开的下拉菜单中再次单击"筛选"命令即可重新显示工作表中被隐藏的数据，同时退出数据筛选状态。

❖ 单击"数据"选项卡"排序和筛选"组中的"清除"按钮，可清除筛选结果，重新显示全部数据。

2. 对指定数据的筛选

以在"销售情况"工作表中筛选出员工销售数量的10个最大值为例，对指定数据进行筛选的方法如下。

01 进入筛选状态

① 打开工作表，将光标定位到工作表的数据区域中。

② 切换到"数据"选项卡，单击"排序和筛选"组中的"筛选"按钮，进入数据筛选状态。

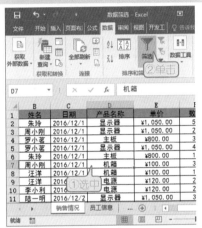

02 打开自动筛选对话框

① 进入筛选状态，单击"数量"字段名右侧的下拉按钮。

② 在打开的下拉列表中单击"数字筛选"→"前10项"命令。

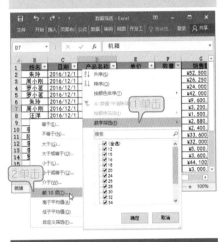

03 筛选设置

① 弹出"自动筛选前10个"对话框，在"显示"组合框中根据需要进行选择，如选择显示"最大"的"3"项数据。

② 单击"确定"按钮。

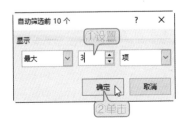

04 查看完成效果

返回工作表，可以看到工作表中的数据已经按照"数量"字段的最大前3项进行筛选了。

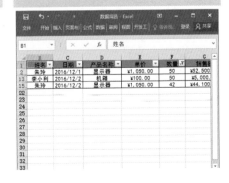

7.1.2 高级筛选

　　在实际工作中有时会遇到这样的情况，需要筛选的数据区域中数据信息很多，同时筛选的条件又比较复杂，这时使用高级筛选的方法进行筛选条件的设置能够提高工作效率。方法如下。

01 打开"高级筛选"对话框

① 打开"销售情况"工作表，在B23:C24单元格区域中建立一个筛选条件区域，分别输入列标题和筛选的条件。

② 切换到"数据"选项卡，单击"排序和筛选"组中的"高级"按钮 。

02 筛选设置

① 弹出"高级筛选"对话框，设置"列表区域"为整个数据区域，"条件区域"为设置的条件区域。

② 完成后单击"确定"按钮。

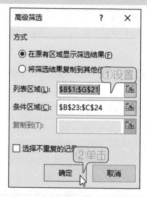

03 查看完成效果

返回工作表，即可看到符合条件的筛选结果了。

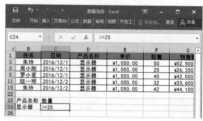

📶 **提 示**

若要将筛选结果显示到其他位置，则在"高级筛选"对话框的"方式"栏中选中"将筛选结果复制到其他位置"单选项，然后在"复制到"文本框中输入要保存筛选结果的单元格区域的第一个单元格地址即可。

7.1.3 自定义筛选

　　在筛选数据时，可以通过Excel提供的自定义筛选功能来进行更复杂、更具体的筛选，使数据筛选更具灵活性。方法如下。

01 进入筛选状态

① 打开工作簿，将光标定位到工作表的数据区域中。

② 切换到"数据"选项卡，单击"排序和筛选"组中的"筛选"按钮，进入筛选状态。

02 打开"自定义筛选"对话框

① 单击要进行自定义筛选的字段名右侧的下拉按钮，如单击"数量"字段名右侧的下拉按钮。

② 在打开的下拉列表中单击"数字筛选"→"自定义筛选"命令。

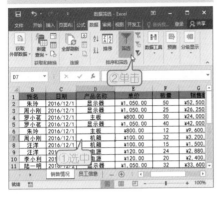

03 筛选设置

① 弹出"自定义自动筛选方式"对话框，在"数量"组合框中设置筛选条件。

② 单击"确定"按钮即可。

7.2 数据排序

知识导读

在Excel中对数据进行排序是指按照一定的规则对工作表中的数据进行排列，以进一步处理和分析这些数据。排序主要有3种方式，分别是"按一个条件排序"、"按多个条件排序"和"自定义条件排序"。

7.2.1 按一个条件排序

在Excel中，有时会需要对数据进行升序或降序排列。"升序"是指对选择的数字按从小到大的顺序排序，"降序"是指对选择的数字按从大到小的顺序排序。按一个条件对数据进行升序或降序的排序方法主要有下面两种。

❖ 选中需要进行排序的数据列，使用鼠标右键单击，在打开的右键菜单中选择"排序"命令，在展开的子菜单中，根据需要选择"升序"或"降序"命令即可。

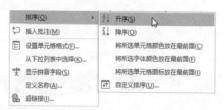

❖ 选中需要进行排序的数据列，在"数据"选项卡的"排序与筛选"选项组中单击"升序" $\frac{A}{Z}\downarrow$ 或"降序" $\frac{Z}{A}\downarrow$ 按钮，执行排序操作即可。

7.2.2 按多个条件排序

多条件排序是指依据多个列的数据规则，以数据表进行排序操作。例如，在"工资表"中要同时对"实发金额"和"基本工资"列排序，方法如下。

01 打开"排序"对话框

① 打开工作簿，选中整个数据区域。
② 切换到"数据"选项卡，单击"排序和筛选"组中的"排序"按钮，打开"排序"对话框。

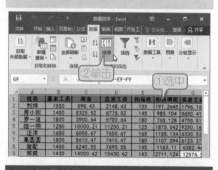

02 设置主要条件

在"排序"对话框中设置"主要关键字"、"排序依据"和"次序"，例如，在对应的下拉列表框中选择"实发工资"、"数值"和"升序"选项。

03 设置次要条件

① 单击"添加条件"按钮，在"次要关键"下拉列表框中选择"基本工资"，在"排序依据"下拉列表框中选择"数值"，在"次序"下拉列表框中选择"降序"。
② 完成后单击"确定"按钮。

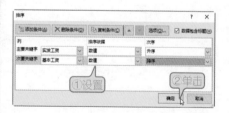

04 查看完成效果

返回工作表，可以看到表中的数据按照设置的多个条件进行了排序。

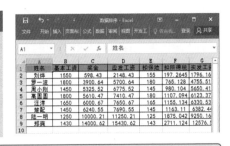

技巧

在"排序"对话框中勾选"数据包含标题"复选框，然后单击"选项"按钮，在弹出的"排列选项"对话框中可以选择字母排序和笔画排序。

7.2.3 自定义排序条件

如果工作表中没有合适的排序方式，我们还可以自定义序列来进行排序，方法如下。

01 打开"排序"对话框

① 将光标定位在需要进行排序的列的任意单元格中。

② 切换到"数据"选项卡，在"排序和筛选"组中单击"排序"按钮，打开"排序"对话框。

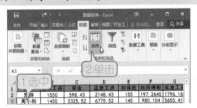

02 打开"自定义序列"对话框

① 在"排序"对话框的列表框中设置"主要关键字"为要排序的列标题。

② 展开"次序"下拉列表框，在其中单击"自定义序列"命令。

03 添加自定义序列

① 弹出"自定义序列"对话框，在"输入序列"栏中输入需要的序列。

② 单击"添加"按钮。

③ 单击"确定"按钮保存自定义序列的设置。

04 按自定义序列排序

① 返回"排序"对话框,展开"次序"下拉列表框,在其中选择刚设置的自定义序列。

② 单击"确定"按钮即可。

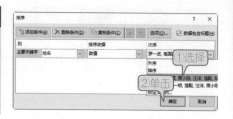

7.3 数据的分类汇总

知识导读

利用Excel提供的分类汇总功能,用户可以将表格中的数据进行分类,然后再把性质相同的数据汇总到一起,使其结构更清晰,便于查找数据信息。下面将介绍创建简单分类汇总、高级分类汇总和嵌套分类汇总的方法。

7.3.1 简单分类汇总

简单分类汇总用于对数据清单中的某一列排序,然后进行分类汇总。以"销售业绩"工作表为例,进行简单分类汇总的方法如下。

01 数据排序

① 打开工作簿,将光标定位到"所在省份(自治区/直辖市)"列中。

② 切换到"数据"选项卡,单击"排序和筛选"组中的"升序"按钮,将该列按升序排序。

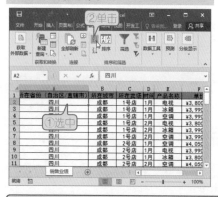

02 打开"分类汇总"对话框

在"数据"选项卡的"分级显示"组中单击"分类汇总"按钮,打开"分类汇总"对话框。

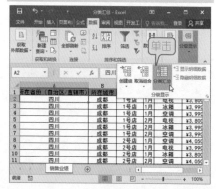

注 意

为了使分类汇总结果正确显示,在进行分类汇总之前,需要对数据进行排序。

03 分类汇总设置

① 弹出"分类汇总"对话框，在"分类字段"下拉列表中选择"所在省份（自治区/直辖市）"选项，在"汇总方式"下拉列表中选择"求和"选项，在"选定汇总项"列表框中勾选"销售额"复选框。

② 完成后单击"确定"按钮即可。

04 查看完成效果

返回工作表，可以看到表中数据按照前面的设置进行了分类汇总，并分组显示出分类汇总的数据信息。

1 2 3		A	G	H
1		所在省份（自治区/直辖市）	数量	销售额
+	32	四川 汇总		¥4,332,880.00
+	51	云南 汇总		¥2,301,420.00
	52	重庆	38	¥ 151,620.00
	53	重庆	29	¥ 110,200.00
	54	重庆	31	¥ 128,030.00
	55	重庆	31	¥ 123,690.00
	56	重庆	29	¥ 110,200.00
	57	重庆	31	¥ 128,030.00
	58	重庆	33	¥ 133,650.00
	59	重庆	51	¥ 218,790.00
	60	重庆	43	¥ 176,300.00
	61	重庆	33	¥ 133,650.00
	62	重庆	51	¥ 218,790.00
	63	重庆	22	¥ 90,200.00
—	64	重庆 汇总		¥1,723,150.00
	65	总计		¥8,357,450.00

7.3.2 高级分类汇总

高级分类汇总主要用于对数据清单中的某一列进行两种方式的汇总。相对简单分类汇总而言，其汇总的结果更加清晰，更便于用户分析数据信息。方法如下。

01 数据排序

① 打开工作簿，将光标定位到"所在省份（自治区/直辖市）"列中。

② 切换到"数据"选项卡，单击"排序和筛选"组中的"升序"按钮，将该列按升序排序。

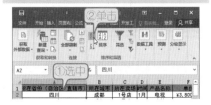

02 打开"分类汇总"对话框

在"数据"选项卡的"分级显示"组中单击"分类汇总"按钮，打开"分类汇总"对话框。

03 初次分类汇总

① 弹出"分类汇总"对话框，在"分
类字段"下拉列表中选择"所在省份
（自治区/直辖市）"选项，在"汇
总方式"下拉列表中选择"求和"选
项，在"选定汇总项"列表框中勾选
"销售额"复选框。

② 完成后单击"确定"按钮即可。

04 再次分类汇总

① 返回工作表，将光标定位到数据区
域中，再次执行"分类汇总"命令。
弹出"分类汇总"对话框，在"分类
字段"下拉列表中选择"所在省份
（自治区/直辖市）"字段，在"汇
总方式"下拉列表中选择"最大值"
选项，在"选定汇总项"列表框中勾
选"销售额"复选框，然后取消勾选
"替换当前分类汇总"复选框。

② 完成后单击"确定"按钮即可。

05 查看完成效果

返回工作表，可以看到表中数据按照
前面的设置进行了分类汇总，并分组
显示出分类汇总的数据信息。

7.3.3 嵌套分类汇总

嵌套分类汇总是对数据清单中两列或者两列以上的数据信息同时进行汇
总。方法如下。

01　数据排序

① 打开工作簿，将光标定位到"所在省份（自治区/直辖市）"列中。
② 切换到"数据"选项卡，单击"排序和筛选"组中的"升序"按钮，将该列按升序排序。

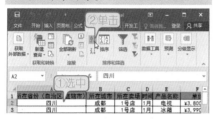

02　打开"分类汇总"对话框

在"数据"选项卡的"分级显示"组中单击"分类汇总"按钮，打开"分类汇总"对话框。

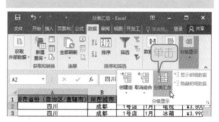

03　初次分类汇总

① 弹出"分类汇总"对话框，在"分类字段"下拉列表中选择"所在省份（自治区/直辖市）"选项，在"汇总方式"下拉列表中选择"求和"选项，在"选定汇总项"列表框中勾选"销售额"复选框。
② 完成后单击"确定"按钮即可。

04　再次分类汇总

① 返回工作表，将光标定位到数据区域中，再次执行"分类汇总"命令。弹出"分类汇总"对话框，在"分类字段"下拉列表中选择"所在城市"字段，在"汇总方式"下拉列表中选择"求和"选项，在"选定汇总项"列表框中勾选"销售额"复选框，然后取消勾选"替换当前分类汇总"复选框。
② 完成后单击"确定"按钮即可。

05 查看完成效果

返回工作表，可以看到表中数据按照前面的设置进行了分类汇总，并分组显示出分类汇总的数据信息。

1 2 3 4		A	B	G	H
	20		成都 汇总		¥2,567,070.00
	33		攀枝花 汇总		¥1,765,810.00
	34	四川 汇总			¥4,332,880.00
	41		昆明 汇总		¥ 773,500.00
	48		玉溪 汇总		¥ 718,520.00
	55		昆明 汇总		¥ 809,400.00
	56	云南 汇总			¥2,301,420.00
	57	重庆	重庆	38	¥ 151,620.00
	58	重庆	重庆	29	¥ 110,200.00
	59	重庆	重庆	31	¥ 128,030.00
	60	重庆	重庆	31	¥ 123,690.00
	61	重庆	重庆	29	¥ 110,200.00
	62	重庆	重庆	31	¥ 128,030.00
	63	重庆	重庆	33	¥ 133,650.00
	64	重庆	重庆	51	¥ 218,790.00
	65	重庆	重庆	43	¥ 176,300.00
	66	重庆	重庆	33	¥ 133,650.00
	67	重庆	重庆	51	¥ 218,790.00
	68	重庆	重庆	22	¥ 90,200.00
	69		重庆 汇总		¥1,723,150.00
	70	重庆 汇总			¥1,723,150.00
	71	总计			¥8,357,450.00

7.3.4 隐藏与显示汇总结果

对数据进行分类汇总后，工作表左侧将出现一个分级显示栏，通过分级显示栏中的分级显示符号可分级查看表格数据，实现根据需要隐藏与显示汇总结果的目的。方法主要有以下两种。

❖ 单击分级显示栏上方的数字按钮，可显示并分类汇总和显示总计的汇总。

❖ 单击"显示"按钮⊞或"隐藏"按钮⊟，可显示或隐藏单个分类汇总的明细行。

1 2 3 4		A	B	C	D	E	F	G	H
	1	所在省份（自治区/直辖市）	所在城市	所在卖场	时间	产品名称	单价	数量	销售额
	32	四川 最大值							¥ 203,490.00
	33	四川 汇总							¥4,332,880.00
	52	云南 最大值							¥ 184,470.00
	53	云南 汇总							¥2,301,420.00
	66	重庆 最大值							¥ 218,790.00
	67	重庆 汇总							¥1,723,150.00
	68	总计最大值							¥ 218,790.00
	69	总计							¥8,357,450.00

7.4 课堂练习

练习一：对销售记录表按日期进行分类汇总

▶ **任务描述：**

本节将练习对销售记录表按日期进行分类汇总，目的在于帮助读者掌握本章所学的知识，能在实践中熟练进行数据的统计与分析操作。

▶ **操作思路：**

01 新建一个名为"销售记录表"的工作簿。

02 根据需要输入文本内容，并设置单元格格式与表格样式等。

03 按照"销售日期"对表格进行升序排序。

04 按销售日期，对实际收款进行求和汇总。

1 2 3		A	B	C	D	E	F	G	H
	1	销售ID	产品名称	单价	数量	销售日期	销售额	优惠额	实际收款
+	6					2016/7/1 汇总			286
+	13					2016/7/2 汇总			1170.7
+	20					2016/7/3 汇总			1637.6
	21	20	胡椒粉	3.8	14	2016/7/4	53.2		53.2
	22	17	营养快线	4.5	25	2016/7/4	112.5	3.2	109.3
	23	21	面粉	12.8	19	2016/7/4	243.2		243.2
	24	19	光明酸奶	7.5	52	2016/7/4	390		390
	25	18	蒙牛酸奶	8	60	2016/7/4	480		480
	26	22	花生油	28.8	18	2016/7/4	518.4	21.2	497.2
-	27					2016/7/4 汇总			1772.9
+	41					2016/7/5 汇总			4522.9
+	48					2016/7/6 汇总			5190.9
+	63					2016/7/7 汇总			4828.1
+	76					2016/7/8 汇总			2803
+	91					2016/7/9 汇总			4495.4
+	106					2016/7/10 汇总			6071.5
-	107					总计			32779

练习二：对销售提成统计表的销售总额进行排名

▶**任务描述：**

本节将练习对销售提成统计表的销售总额进行排名，目的在于帮助读者掌握本章所学的知识，能在实践中熟练进行数据的统计与分析操作。

	A	B	C	D	E	F
1			2016年第三季度销售提成统计表			
2	员工编号	员工姓名	销售总额	提成比例	提成金额	星级
3	DF007	贺静	¥203,390.00	8%	¥16,000.00	★★★★★★
4	DF012	廖佳	¥124,100.00	5%	¥6,205.00	★★★★
5	DF009	丁锦	¥78,490.00	5%	¥3,924.50	★★★★
6	DF005	刘繁	¥57,060.00	3%	¥1,426.50	★★★★
7	DF011	程健	¥41,700.00	3%	¥1,042.50	★★★
8	DF013	周永	¥39,730.00	3%	¥993.25	★★★
9	DF016	刘芬	¥35,420.00	3%	¥885.50	★★★
10	DF008	钟兵	¥34,320.00	3%	¥858.00	★★★
11	DF015	周兵	¥32,150.00	3%	¥803.75	★★★
12	DF010	苏嘉	¥29,670.00	0%	¥0.00	
13	DF014	陈繁	¥25,500.00	0%	¥0.00	
14	DF002	苏辉	¥17,400.00	0%	¥0.00	
15	DF006	袁华	¥15,390.00	0%	¥0.00	
16	DF001	李杨	¥14,000.00	0%	¥0.00	
17	DF003	陈海	¥12,300.00	0%	¥0.00	
18	DF004	武芬	¥9,800.00	0%	¥0.00	

▶**操作思路：**

01 新建一个名为"销售提成统计表"的工作簿。

02 根据需要输入文本内容，并设置单元格格式与表格样式等。

03 按照"销售总额"对表格进行降序排序。

7.5 课后答疑

问：怎样取消汇总数据的分级显示？

答：要取消汇总数据的分级显示，将光标定位到数据区域中，单击"数据"选项卡的"分级显示"组中的"取消组合"下拉按钮，在打开的下拉菜单中单击"清除分级显示"命令即可。

问：如何让文本按笔画顺序排序？

答：对于Excel表格中的文本，我们还可以按照笔划的多少进行排序。以将"销售情况"表中的"姓名"列进行笔画降序排列为例，将光标定位于需要进行排序的列的任意单元格中，切换到"数据"选项卡，在"排序和筛选"组中单击"排序"按钮，弹出"排序"对话框，在列表框中将"主要关键字"设为"姓名"，并设置好排序依据和次序，勾选"数据包含标题"复选框，单击"选项"按钮，然后在弹出的对话框中选择"笔划排序"单选项，连续单击"确定"按钮保存设置即可。

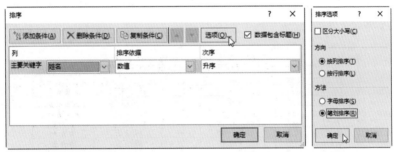

问：如何按单元格颜色排序？

答：在Excel 2016中，设置了单元格颜色、字体颜色或条件格式后，可以按单元格颜色、字体颜色或图标进行排序，方法为：将光标定位于需要进行排序的列中，打开"排序"对话框，在列表框中设置"主要关键字"，单击"排序依据"列表框，在下拉列表中选择"单元格颜色"选项，单击"次序"列表框，选择一个颜色，在右侧设置该颜色的单元格位置，单击"确定"按钮即可。

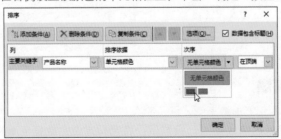

第8章

通过图表让数据活灵活现

在Excel中，图表的存在是为数据服务的。我们使用图表为数据做诠释，让图表直观、生动、一目了然地展示出数据要向我们传达的信息。本章将详细介绍在Excel中创建图表、编辑图表、美化图表以及使用迷你图的基本方法。

本章要点：

❖ 创建图表

❖ 编辑图表

❖ 美化图表

❖ 使用迷你图

8.1 创建图表的相关知识

知识导读

在Excel中，可以利用图表功能，以图表的形式来表示工作表中的数据，让平面、抽象的数据变得立体、形象。下面将简单介绍图表的组成，以及在工作表中创建图表的相关知识。

8.1.1 图表的组成

Excel图表是由各图表元素构成的，以簇状柱形图为例，常见的图表构成如下。

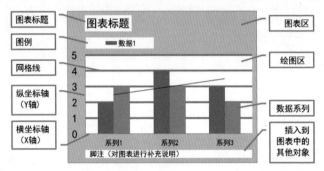

Excel图表元素远不止上面展示的那些，因为不同类型的图表，其构成元素有一定的差别，一个图表中不可能出现所有的图表元素。下面我们将常见的图表元素归纳整理一下，并补充说明。

❖ 图表区：即整个图表所在的区域。

❖ 绘图区：包含数据系列图形的区域。

❖ 图表标题：顾名思义，在Excel中默认使用系列名称作为图表标题，建议根据需要修改。

❖ 图例：标明图表中的图形代表的数据系列。

❖ 数据系列：根据源数据绘制的图形，用来生动形象地反映数据，是图表的关键部分。

❖ 数据标签：用于显示数据系列的源数据的值，为避免图表变得杂乱，可以选择在数据标签和Y轴刻度标签中择一而用。

❖ 网格线：有水平网格线和垂直网格线两种，分别与纵坐标轴（Y轴）、横坐标轴（X轴）上的刻度线对应，是用于比较数值大小的参考线。

❖ 坐标轴：包括横坐标轴（X轴）和纵坐标轴（Y轴），坐标轴上有刻度线、刻度标签等，某些复杂的图表会用到次坐标轴，一个图标最多可以有4个坐标轴，即主X轴、主Y轴和次X轴、次Y轴。

❖ 坐标轴标题：用于标明X轴或Y轴的名称，一般在散点图中使用。

❖ 插入到图表中的其他对象：例如，在图表中插入的自选图形、文本框等，用于进一步阐释图表。

❖ 数据表：在X轴下绘制的数据表格，有占用大量图表空间的缺点，一般不建议使用。

> **📶 提 示**
>
> 在使用三维类型的图表时，还可能出现背景墙、侧面墙、底座等图表元素，由于三维图表一般不在商务场合使用，我们在这里略过不再细述。

此外，Excel还为用户提供了一些数据分析中很实用的图表元素，在"图表工具/布局选项卡"的"分析"组中，我们可以轻松设置这些图表元素。

❖ 趋势线：用于时间序列的图表，是根据源数据按照回归分析法绘制的一条预测线，有线性、指数等多种类型，不熟悉统计知识的朋友建议不要轻易使用。

❖ 折线：在面积图或折线图中，显示从数据点到X轴的垂直线，是用于比较数值大小的参考线，日常工作中较少使用。

❖ 涨/跌柱线：在有两个以上系列的折线图中，在第一个系列和最后一个系列之间绘制的柱形或线条，即涨柱或跌柱，常见于股票图表。

❖ 误差线：用于显示误差范围，提供标准误差误差线、百分比误差线、标准偏差误差线等选项，常见于质量管理方面的图表。

8.1.2 选择图表类型

Excel 2016中内置了大量的图表标准类型，包括柱形图、折线图、饼形图、圆环图、条形图、面积图、XY散点图、气泡图、股价图、曲面图、雷达图等，并提供了一些常用的组合图表，方便用户根据需要选用。

1. 柱形图

柱形图主要用于显示一段时间内的数据变化或各项之间的比较情况。

在柱形图中，通常沿水平轴显示类别数据，即X轴；而沿垂直轴显示数值，即Y轴。

柱形图包括簇状柱形图、堆积柱形图、百分比堆积柱形图、三维簇状柱形图以及三维柱形图等共7个图形。

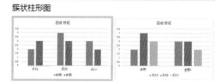

2. 折线图

折线图可以显示随时间变化的连续数据，适用于显示在相等时间间隔下的数据趋势。

如果分类标签是文本并且代表均匀分布的数值，如月、季度或财政年度，则应使用折线图。

在折线图中，类别数据沿水平轴均匀分布，所有值数据沿垂直轴均匀分布。

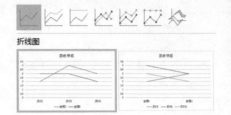

3. 饼形图

饼形图用于显示一个数据系列中各项的大小与总和的比例。

相同颜色的数据标记组成一个数据系列，饼形图中只有一个数据系列。饼形图中的数据点显示为整个饼形图的百分比。

在出现以下情况时，可以使用饼形图。

❖ 仅有一个需要绘制的数据系列。

❖ 需要绘制的数值没有负值。

❖ 需要绘制的数值几乎没有零值。

❖ 类别数目不超过7个。

各类别分别代表整个饼形图的一部分。

饼形图类型包括饼形图、三维饼形图、复合饼形图、复合条饼形图和圆环图共5个图形。

其中，圆环图用于显示各个部分与整体之间的关系。在圆环图中，只有排列在工作表的列或行中的数据才可以绘制到图表中。

圆环图可以包含多个数据系列。

4. 条形图

条形图用于显示各个项目之间的比较情况。在出现以下情况时可以使用条形图。

❖ 轴标签过长。

❖ 显示的数值是持续型的。

条形图包括簇状条形图、堆积条形图、百分比堆积条形图、三维簇状条形图、三维堆积条形图、三维百分比堆积条形图共6个图形。

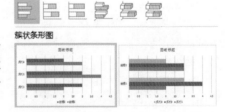

5. 面积图

面积图用于强调数量随时间而变化的程度，也可用于引起人们对总值趋势的注意。面积图还可以通过显示所绘制的值的总和显示部分与整体的关系。

面积图包括堆积面积图、百分比堆积面积图、三维面积图等共6个图形。

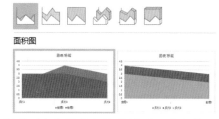

6. 散点图

散点图也叫XY图，用于显示若干数据系列中各数值之间的关系，或者将两组数据绘制为XY坐标的一个系列。

散点图通常用于显示和比较数值，如科学数据、统计数据、工程数据等。

散点图有两个数值轴，沿水平轴方向显示一组数值数据，即X轴；沿垂直轴方向显示另一组数值数据，即Y轴。在出现以下情况时可以使用散点图。

❖ 需要更改水平轴的刻度。

❖ 需要将轴的刻度转换为对数刻度。

❖ 水平轴上有许多数据点。

❖ 水平轴的数值不是均匀分布的。

❖ 需要显示大型数据集之间的相似性而非数据点之间的区别。

❖ 需要在不考虑时间的情况下比较大量数据点。

❖ 需要有效地显示包含成对或成组数值集的工作表数据，并调整散点图的独立刻度，以显示关于成组数值的详细信息。

散点图包括带平滑线的散点图、带平滑线和数据标记的散点图、带直线和数据标记的散点图、气泡图等7个图形。

排列在工作表的列中的数据可以绘制在气泡图中。其中第1列列出的是"X"值，在相邻列中列出相应的"Y"值和气泡大小的值。

气泡图与散点图的区别在于，气泡图是对成组的三个数值进行比较，而非两个数值。

气泡图包括气泡图和三维气泡图两个子类型。

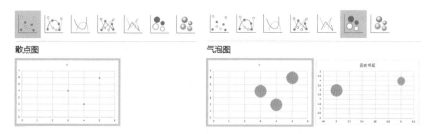

7. 股价图

顾名思义，股价图的最初用途是用来显示股价的波动。此外，这种图表还可用于科学数据，如显示每天或每年温度的波动。

　　股价图的数据在工作表中的组织方式非常重要，必须按照正确的顺序组织数据才能创建股价图。股价图有以下4个图表子类型。

❖ 盘高-盘低-收盘图：经常用来显示股票价格。使用这种图表时必须将盘高、盘低和收盘这3个数值系列按顺序排列。

❖ 开盘-盘高-盘低-收盘图：使用这种图表时必须将开盘、盘高、盘低和收盘这4个数值系列按正确顺序排列。

❖ 成交量-盘高-盘低-收盘图：这种图表使用两个数值轴来计算成交量。一个用于计算成交量的列，另一个用于股票价格。使用这种图表时，必须将成交量、盘高、盘低和收盘这4个数值系列按正确顺序排列。

❖ 成交量-开盘-盘高-盘低-收盘图：使用这种图表时必须将成交量、开盘、盘高、盘低和收盘这5个数值系列按正确顺序排列。

盘高-盘低-收盘图

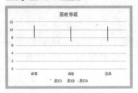

8. 曲面图

　　当需要找到两组数据之间的最佳组合，或者当类别和数据系列这两组数据都为数值时，可以使用曲面图。

三维曲面图

　　曲面图包括三维曲面图、三维曲面图（框架图）、曲面图和曲面图（俯视框架图）共4个子类型。

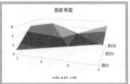

9. 雷达图

　　雷达图用于比较若干数据系列的聚合值。排列在工作表的列或行中的数据可以绘制到雷达图中。

　　雷达图包括雷达图、带数据标记的雷达图和填充雷达图3个子类型。

❖ 雷达图：用于显示各值相对于中心点的变化，其中可能显示各个数据点的标记，也可能不显示这些标记。

❖ 带数据标记的雷达图：用于显示各值相对于中心点的变化。如果不能直接比较类别时，可使用此种图表。

雷达图

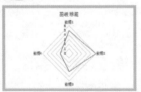

❖ 填充雷达图：显示相对于中心点的数值。如果不能直接比较类别，且仅有一个系列时，可使用此种图表。

10. 组合图

　　该图表类型组中提供了常用组合图表，包括簇状柱形图-折线图、簇状柱形图-次坐标轴上的折线图、堆积面积图-簇状柱形图等，并可根据需要自定义组合图表类型。

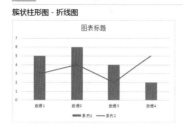

8.1.3 创建图表

在制作或打开一个需要创建图表的表格后，就可以开始创建图表了。在 Excel 中，创建图表的方法主要有以下 3 种。

❖ 利用快捷键创建：在 Excel 中，默认的图表类型为簇状柱形图。选中用来创建图表的数据区域，然后按下"Alt+F1"组合键，即可快速嵌入图表。

❖ 利用"图表"组中的命令按钮创建：打开工作簿，选中用来创建图表的数据区域，切换到"插入"选项卡，在"图表"组中选择要插入的图表类型，如单击"饼形图"下拉按钮，在弹出的下拉菜单中，选择饼形图样式即可。

❖ 利用"插入图表"对话框创建：选中用来创建图表的数据区域，切换到"插入"选项卡，单击"图表"组右下角的功能扩展按钮，打开"插入图表"对话框，在其中选择需要的图表类型和样式，然后单击"确定"按钮即可。

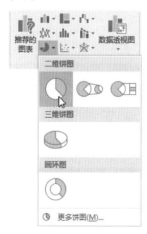

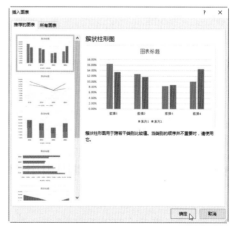

8.2 编辑图表

知识导读

创建的图表并不完善，在实际工作中通常还要对其进行编辑。包括调整图表大小和位置、修改或删除数据、更改图表类型、添加并设置图表标签、添加图表标题、修改系列名称等。

8.2.1 调整图表大小和位置

创建图表后，用户可以根据实际需要调整图表的大小和位置，方法与调整图片的大小和位置相似。

单击图表上的空白区域选中整个图表，此时将显示图表的边框，在该边框上可见8个控制点。

❖ 调整图表大小：将光标指向控制点，当鼠标光标变为双向箭头形状时，按住鼠标左键拖动即可调整图表大小。

❖ 调整图表位置：将光标指向图表的空白区域，当鼠标光标变为形状时，按住鼠标左键拖动图表到目标位置，释放鼠标左键即可。

8.2.2 修改或删除数据

创建好图表后，有时需要对单元格中的数据进行修改或删除。需要注意的是，图表与单元格中的数据是同步显示的，即修改单元格中的数据时其图表上的图形也在同步进行改变。

下面把"彩电市场占有率"工作表中的2016年海尔的市场占有率数据修改为"20%"，并删除TCL的市场占有率数据，方法如下。

01 选择单元格	**02 修改数据**
打开"彩电市场占有率"工作簿，创建图表，选中C3单元格。	在C3单元格中输入"20.00%"，按下"Enter"键，即可看到图表中的对应圆柱发生变化。

 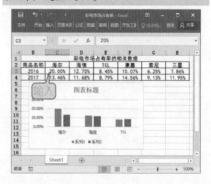

03 删除数据

选中 E2:E4 单元格区域，按下"Delete"键，即可看到删除数据后图表发生了相应的变化。

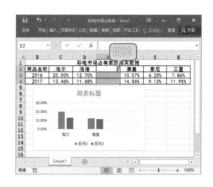

8.2.3 修改系列名称

在创建图表时如果选择的数据区域中没有包括标题行或标题列，系列名称会显示为"系列1"、"系列2"等，此时用户可以根据需要修改系列名称。方法如下。

01 打开对话框

① 选中整个图表，单击控制框右侧的 ▼ 按钮。
② 在打开的快捷菜单中单击"系列1"右侧的"编辑序列"按钮。

02 修改系列名称

① 打开"编辑数据系列"对话框，在"系列名称"文本框中，设置系列名称并选择区域为B3单元格。
② 单击"确定"按钮。

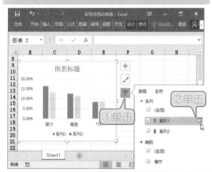

03 查看完成效果

返回工作表，可以看到数据系列1名称"系列1"被修改为"2016"，用同样的方法编辑数据系列2，修改"系列2"为"2017"即可。

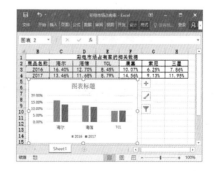

8.2.4 追加数据系列

在制作和编辑图表的过程中，如果需要往图表里追加数据系列，有以下两种方法可以实现。

❖ **鼠标拖动**：选中图表，在相应的源数据区域四周将出现醒目的蓝、紫、红三色框线，将光标指向蓝色框线，当光标呈双向箭头形状时按住鼠标左键拖动，将需要追加的数据囊括进蓝框区域内即可。

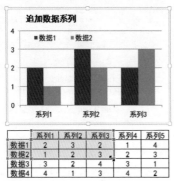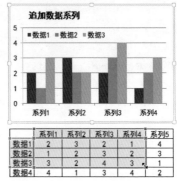

> 📶 **提 示**
>
> 该方法适用于要追加的数据区域与已有的数据区域相连的情况。

❖ **通过对话框**：选中图表，切换到"图表工具/设计"选项卡，单击"数据"组中的"选择数据"按钮；打开"选择数据源"对话框，在"图表数据区域"文本框中添加要追加的数据系列的源数据所在区域；根据需要编辑"图例项（系列）"和"水平（分类）轴标签"名称，完成后单击"确定"按钮即可。

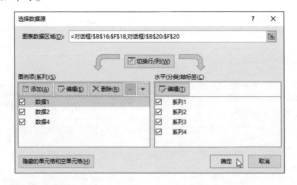

8.2.5 改变图表的类型

如果在创建之后才发现图表类型不合适，可以根据需要改变图表类型。要改变图表的类型,一种是改变整个图表的类型,另一种是改变图表中部分数据系列的图表类型。

❖ 改变整个图表的类型:选中整个图表,切换到"图表工具/设计"选项卡,单击"类型"组中的"更改图表类型"按钮打开"更改图表类型"对话框,然后在其中选择需要的图表类型和样式,单击"确定"按钮即可。

❖ 改变部分数据系列的图表类型:选中需要修改图表类型的数据系列,使用鼠标右键单击,在弹出的快捷菜单中执行"更改系列图表类型"命令,在打开的"更改图表类型"对话框中选择需要的图表类型和样式,单击"确定"按钮即可。

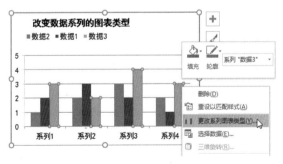

8.2.6 添加并设置图表标签

为了使所创建的图表更加清晰、明确,用户可以添加并设置图表标签。方法为:选中整个图表,单击图表控制框右侧出现的按钮➕,在打开的快捷菜单中勾选"数据标签"复选框，并展开"数据标签"子菜单，设置数据标签显示位置即可。

此外，选中需要设置格式的数据标签，使用鼠标右键单击，在弹出的快捷菜单中单击"设置数据标签格式"命令，即可打开"设置数据标签格式"窗格，在其中可以对数据标签进行相应的设置，完成后单击"关闭"按钮即可。

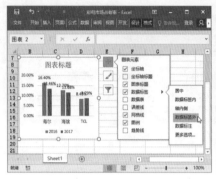 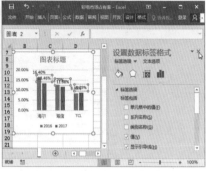

8.2.7 添加图表标题

有时用户需要添加图表标题，方法与添加图表标签类似：选中整个图表，单击图表控制框右侧出现的按钮 ✛，在打开的快捷菜单中勾选"图表标题"复选框，并展开"图表标题"子菜单，设置图表标题显示位置，即可看到在图表中添加一个"图表标题"文本框，在文本框中输入需要的图表标题即可。

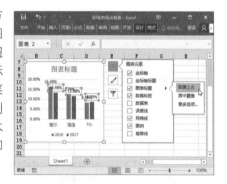

8.3 美化图表

知识导读

创建和编辑好图表后，用户可以根据自己的喜好对图表布局和样式进行设置、美化。下面将介绍设置图表布局和样式、更改图表文字、设置图表背景等知识点。

8.3.1 设置图表布局

一个完整的图表通常包括图表标题、图表区、绘图区、数据标签、坐标轴和网格线等部分，合理布局可以使图表更加美观。

通过Excel提供的内置布局样式，用户可以快速对图表进行布局。方法为：选中需要更改布局的图表，切换到"图表工具/设计"选项卡，在"图表布局"组中单击"快速布局"下拉按钮，在弹出的下拉列表中选择需要的布局样式，即可将该布局方案应用到图表之中。

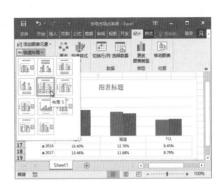

8.3.2 设置图表样式

Excel 2016为用户提供了多种图表样式，通过功能区可以快速将其应用到图表中。

快速设置图表样式的方法为：选中需要设置外观样式的图表，切换到"图表工具/设计"选项卡，在"图表样式"选项组中展开"快速样式"下拉列表，在其中选择需要的图表样式。

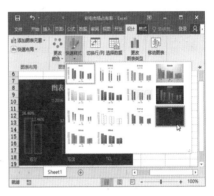

8.3.3 设置图表文字

在对图表进行美化的过程中，用户可以根据实际需要，对图表中的文字大小、文字颜色和字符间距等进行设置。方法如下。

01 单击"字体"命令

① 打开工作簿，选中整个图表，使用鼠标右键单击。
② 在弹出的快捷菜单中单击"字体"命令。

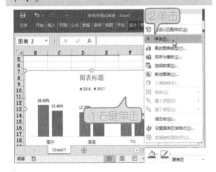

02 设置图表字体

① 在弹出的"字体"对话框中，对图表中文字的字体、字号和字体颜色等进行设置。
② 完成后单击"确定"按钮。

8.3.4 设置图表背景

为了进一步美化图表，用户可以根据需要为其设置背景。以"彩电市场占有率"图表为例，为其设置背景的方法如下。

01　打开"设置图表区格式"窗格	02　设置图表背景
① 打开工作簿，选中整个图表，使用鼠标右键单击。 ② 在弹出的快捷菜单中单击"设置图表区域格式"命令，打开"设置图表区格式"窗格。	① 在"设置图表区格式"窗格中，在"填充线条"选项卡的"填充"栏中进行相应设置，例如，选择"渐变填充"单选项，并设置渐变类型、方向等。 ② 完成后单击"关闭"按钮。

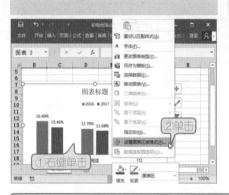

📶 提　示

在"设置图表区格式"窗格"填充线条"选项卡的"边框"栏中，可以根据需要设置图表边框样式。

8.4　使用迷你图

知识导读

迷你图与Excel中的其他图表不同，它不是对象，而是一种放置到单元格背景中的微缩图表。在数据旁边放置迷你图可以使数据表达更直观、更容易被理解。下面将介绍在Excel中创建与编辑迷你图的方法。

8.4.1 创建迷你图

迷你图在Excel中的主要作用就是用来显示出数值系列的趋势，例如，季节性增加或减少、经济周期等，或者用来突出显示数据的最大值和最小值。

Excel提供的迷你图只有3种类型，分别是折线图、柱形图和盈亏迷你图，用户可以根据需要进行选择。以创建迷你折线图为例，方法如下。

01 打开"创建迷你图"对话框

① 打开工作簿，选中要显示迷你图的单元格，如I3单元格。

② 切换到"插入"选项卡，单击"迷你图"组中的"折线图"按钮。

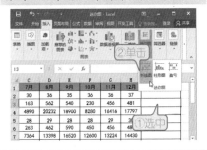

02 设置数据源

① 弹出"创建迷你图"对话框，在"数据范围"文本框中设置迷你图的数据源。

② 完成后单击"确定"按钮。

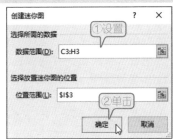

03 查看完成效果

返回工作表，即可看见所选单元格创建了迷你图。

提示

如果要同时创建多个迷你图，可先选中要显示迷你图的多个单元格，然后打开"创建迷你图"对话框，在"数据范围"文本框中设置迷你图对应的数据源，单击"确定"按钮即可。

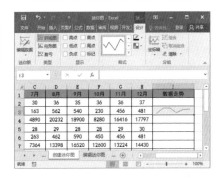

8.4.2 编辑迷你图

在工作表中创建迷你图之后，功能区中将显示"迷你图工具/设计"选项卡，通过该选项卡，可以对迷你图进行相应的编辑或美化操作。

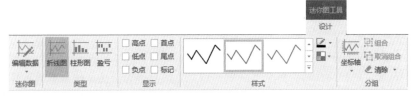

❖ 在"迷你图"组中，单击"编辑数据"按钮，可修改迷你图图组的源数据区域或单个迷你图的源数据区域。

❖ 在"类型"组中，可更改当前选中的迷你图的类型。

❖ 在"显示"组中，勾选某个复选框可显示相应的数据节点。其中，勾选"标记"复选框，可显示所有的数据节点；勾选"高点"或"低点"复选框，可显示最高值或最低值的数据节点；勾选"首点"或"尾点"复选框，可显示第一个值或最后一个值的数据节点；勾选"负点"复选框，可显示所有负值的数据节点。

❖ 在"样式"组中，可对迷你图应用内置样式，设置迷你图颜色，以及设置数据节点的颜色。

❖ 在"分组"组中，若单击"坐标轴"按钮，可对迷你图坐标范围进行控制；若单击"清除"按钮右侧的下拉按钮，可清除选中的迷你图或所有迷你图；若单击"组合"按钮，可将选中的多个迷你图组合成一组，此后选中组中的任意一个迷你图，便可同时对这个组的迷你图进行编辑操作；若单击"取消组合"按钮，可将选中的迷你图组拆分成单个的迷你图。

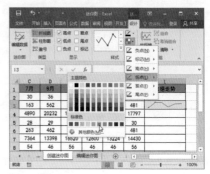

> 📶 **提 示**
>
> 同时创建的多个迷你图，将自动被组合到一起，形成一个整体，选中其中任意一个，即可对全部迷你图进行编辑或美化操作。

8.5　课堂练习

练习一：制作正负分色的柱形图

▶ **任务描述**：

　　本节将练习制作一个正负分色的柱形图，来分析销量的增减，目的在于使读者用本章所学的知识，能在实践中熟练通过图表让数据活灵活现的方法。

▶ **操作思路**：

01 新建一个名为"正负分色的柱形图"的工作簿，输入原始数据。

02 利用了错行的技巧，根据原始数据组织作图数据，并建立辅助数据区域，（在其中输入的数值正负与原始数据正好相反），然后根据组织好的作图数据区域创建堆积柱形图，以便之后为正负数据系列设置不同的填充颜色。

03 设置分类坐标轴（即本图表中的横坐标轴）标签不显示，设置辅助数据系列的数据标签的显示位置为"轴内侧"，显示内容为"类别名称"，用以模拟分类坐标轴标签。

04 删除网格线，设置辅助数据系列的图形无边框、无填充色，将其隐藏。

05 设置原始数据系列的数据标签显示为"值"，位置为"数据标签内"。

06 根据需要，为正、负值的数据系列分别设置颜色即可。

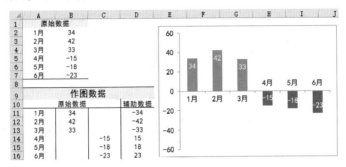

练习二：制作瀑布图

▶ **任务描述：**

本节将练习制作一个瀑布图，来分析公司的成本构成，目的在于使读者用本章所学的知识，能在实践中熟练通过图表让数据活灵活现的方法。

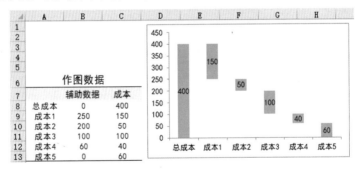

▶ **操作思路：**

01 新建一个名为"瀑布图"的工作簿，输入原始数据。

02 创建辅助数据区域，其中辅助数据的计算公式为：第n个辅助数据=总成本−（成本1+成本2+……+成本n）。

03 根据作图数据区域创建堆积柱形图，为辅助数据系列设置无填充、无轮廓，将其隐藏起来，并删除图例和网格线。

04 设置显示"成本"数据系列的标签即可。

8.6 课后答疑

问：如何使用Excel的"照相机"功能？

答：Excel提供了"照相机"功能，通过该功能，可以为Excel中的图表"拍照"，从而得到一张随着图表数据改变而发生相应变化的、实时联动的图表"照片"。使用"照相机"为图表拍照的方法为：选中图表所在的表格区域，单击自定义到功能区中的"照相机"按钮，此时光标将变为十字形状，将光标移动到图表所在位置，单击一下，即可得到一张与所选区域完全一样的"照片"，对原区域中的图表进行修改后，"照片"中的图表也将发生相应变化。

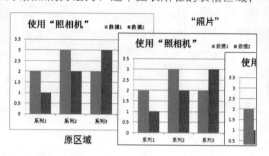

> **注意**
>
> 在默认情况下，照相机功能没有显示在Excel功能区中，要使用该功能，需要自定义Excel功能区，从"不在功能区中的命令"选项组中将其调用出来。

问：可以设置并保存自己的图表模版吗？

答：可以将设置好的图表保存为自定义的图表模板，方便在以后的工作中快速套用该图表样式。方法为：选中设置好的整个图表，使用鼠标右键单击，在弹出的快捷菜单中单击"另存为模版"命令，弹出"保存图表模版"对话框，在"文件名"文本框中输入图表模版名称，其他保持默认设置，单击"保存"按钮即可。保存图表模版后，在创建图表时，打开"插入图表"对话框，切换到"所有图表"选项卡，在"模版"组中，即可选择自定义的图表模版，单击"确定"按钮，即可按自定义图表模版创建图表。

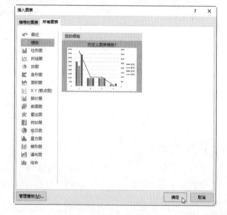

问：如何快速交换坐标轴数据？

答：在创建图表进行数据分析时，有时会因为源数据区域表格制作上的偏差，使所建图表X轴与Y轴上的数据"反"了，数据分析重点难以突出，结果不明晰。Excel提供了强大的图表数据行列互换功能，来解决这种问题：选中图表，切换到"图表工具/设计"选项卡，单击"数据"组中的"切换行/列"按钮，即可快速交换坐标轴数据。

第9章

数据透视表和数据透视图

数据透视表和数据透视图是Excel中具有强大分析功能的工具。面对含有大量数据的表格，利用数据透视表和数据透视图可以更直观地查看数据，并对数据进行对比和分析。本章将详细介绍如何创建、编辑与美化数据透视表，以及如何使用数据透视图和切片器。

本章要点：

❖ 创建与编辑数据透视表

❖ 美化数据透视表

❖ 使用数据透视图

❖ 使用切片器

9.1　创建与编辑数据透视表

知识导读

数据透视表是从Excel数据库中产生的一个动态汇总表格，它具有强大的透视和筛选功能，在分析数据信息时经常使用。下面将向读者介绍创建和重命名数据透视表、更改数据透视表的数据源、在数据透视表中添加数据字段以及筛选数据等操作。

9.1.1　创建数据透视表

数据透视表的创建方法很简单，只需连接到一个数据源，并输入报表的位置即可，方法如下。

01　打开对话框

① 打开工作簿，选中要作为数据透视表数据源的单元格区域。
② 切换到"插入"选项卡，在"表格"组中单击"数据透视表"命令，打开"创建数据透视表"对话框。

02　设置参数

① 弹出"创建数据透视表"对话框，此时系统将自动选择数据源，根据需要设置放置数据透视表的位置，如选中"现有工作表"单选项，在"位置"参数框中设置创建位置为C23单元格。
② 完成后单击"确定"按钮。

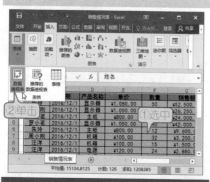

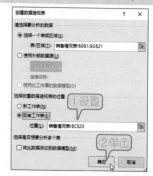

03　勾选字段

此时系统将自动在当前工作表中创建一个空白数据透视表，并打开"数据透视表字段列表"窗格，在"数据透视表字段列表"窗格的"选择要添加到报表的字段"列表框中勾选相应字段对应的复选框，即可创建出带有数据的数据透视表。

9.1.2 重命名数据透视表

在默认情况下，数据透视表以"数据透视表1"、"数据透视表2"……的形式自动命名，根据操作需要，用户可对其进行重命名操作。

方法为：打开需要编辑的工作簿，选中数据透视表中的任意单元格，切换到"数据透视表工具/分析"选项卡，然后在"数据透视表"组的"数据透视表名称"文本框中输入新名称即可。

9.1.3 更改数据透视表的源数据

创建好数据透视表后，可以根据需要更改数据透视表中的源数据。方法如下。

01 打开对话框	**02 更改元数据**
① 打开工作簿，选中数据透视表任意单元格。 ② 切换到"数据透视工具/分析"选项卡，单击"数据"组中的"更改数据源"下拉按钮，在打开的下拉列表中单击"更改数据源"命令。	① 弹出"更改数据透视表数据源"对话框，在"表/区域"参数框中输入新的源数据位置。 ② 设置完成后单击"确定"按钮即可。

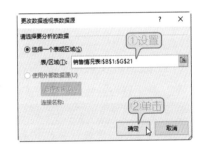

> 🔊 **技 巧**
>
> 当数据透视表的数据源中有某个数据发生了变化，可选中数据透视表中的任意单元格，切换到"数据透视表工具/分析"选项卡，然后单击"数据"组中的"刷新"按钮，使数据透视表中的数据随之更新。

9.1.4 在数据透视表中添加数据字段

创建数据透视表后，有时需要添加其他数据字段到透视表中，方法如下。

❖ 在"数据透视表字段列表"窗格的"选择要添加到报表的字段"列表框中，勾选各字段名称对应的复选框，这些字段将放置在数据透视表的默认区域中。

❖ 在"数据透视表字段列表"窗格的"选择要添加到报表的字段"列表框中，使用鼠标右键单击要添加的字段名称，在弹出的快捷菜单中选择添加方式，如"添加到行标签"，所选字段将放置在数据透视表中的行标签处。

❖ 在"数据透视表字段列表"窗格的"选择要添加到报表的字段"列表框中，直接将需要添加的字段名称拖动到窗格下面的各个列表框中，即可将它们放置到数据透视表的指定区域中。

9.1.5 在数据透视表中筛选数据

创建数据透视表后，如果要在数据透视表中筛选需要的数据，方法如下。

01 选择筛选条件

① 打开工作簿，单击数据透视表中"行标签"右侧的下拉按钮。

② 在弹出的下拉列表中选择"标签筛选"选项。

③ 在展开的子菜单中选择筛选条件，如"等于"。

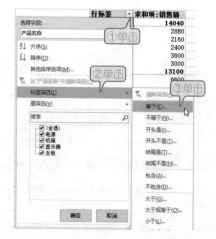

02 设置筛选条件

① 在弹出的对话框中设置筛选条件。
② 完成后单击"确定"按钮。

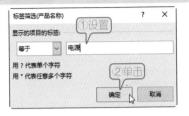

03 查看完成效果

返回数据透视表，即可看到数据透视表中筛选出了符合条件的数据。

提 示
执行筛选操作后，行或列标签右侧的下拉按钮将变为形状。

9.1.6 移动数据透视表

创建数据透视表后，如果要移动数据透视表到新工作表，方法为：选中整个透视表，在单击"数据透视表工具/分析"选项卡的"操作"组中单击"移动数据透视表"按钮，在弹出的"移动数据透视表"对话框中选中"新工作表"单选项，重新设置放置数据透视表的位置，然后单击"确定"按钮，即可新建一个工作表，并将数据透视表移动到该工作表中。

9.2 美化数据透视表

知识导读
如果觉得插入的数据透视表看起来单一乏味，用户也可以根据需要对其进行美化。下面将介绍更改数据透视表的显示形式、套用数据透视表样式、以及自定义数据透视表样式的方法。

9.2.1 更改数据透视表的显示形式

在工作中，用户有时需要修改数据透视表中的数字格式。方法如下。

提 示
在"值字段设置"对话框的"值显示方式"选项卡中可以设置多种显示方式。

01 打开"值字段设置"对话框

① 打开工作簿，选中透视表中需要更改数据格式的列中的任一单元格。

② 切换到"数据透视表工具/分析"选项卡，单击"活动字段"组中的"字段设置"按钮。

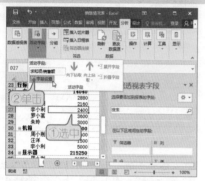

02 单击"数字格式"按钮

在"值字段设置"对话框中单击"数字格式"按钮。

03 格式设置

① 弹出"设置单元格格式"对话框，在"分类"列表框中选中要设置的字符类型，在对话框右侧的窗格中进行格式设置。

② 完成后单击"确定"按钮。

04 查看完成效果

① 返回"值字段设置"对话框，单击"确定"按钮。

② 返回的数据透视表，即可看到更改数字格式后的效果。

9.2.2 套用数据透视表样式

与美化图表相似，Excel 2016提供了多种内置的数据透视表样式，利用这些样式可以快速美化数据透视表。方法如下。

01 选择外观样式

① 打开工作簿，将光标定位到数据透视表的任一单元格中。

② 切换到"数据透视表工具/设计"选项卡，在"数据透视表样式"组中单击"其他"下拉按钮，在打开的"外观样式"下拉列表中单击需要的外观样式选项。

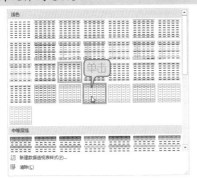

02 查看完成效果

返回数据透视表，即可看到套用样式后的透视表效果了。

☋ 提 示

在"外观样式"下拉列表中单击"清除"命令，即可清除套用的数据透视表样式。

9.2.3 自定义数据透视表样式

如果Excel中内置的数据透视表样式不能满足使用需求，用户还可以自己创建数据透视表样式。方法如下。

01 新建样式

① 打开工作簿，将光标定位到数据透视表的任一单元格中。

② 切换到"数据透视表工具/设计"选项卡，在"数据透视表样式"组中单击"其他"下拉按钮，在弹出的下拉列表中单击"新建数据透视表样式"命令。

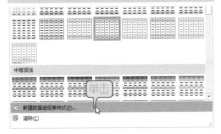

02 选择格式元素

① 打开"新建数据透视表快速样式"对话框，在"表元素"列表框中选中要设置格式的元素。

② 单击"格式"按钮。

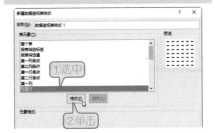

03 格式设置

① 打开"设置单元格格式"对话框，根据需要设置选中元素的格式，并按照该方法设置其他表元素的单元格格式。

② 完成后单击"确定"按钮。

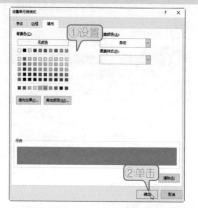

04 设置样式名称

① 全部设置完成后在"新建数据透视表快速样式"对话框的"名称"文本框中设置新建的数据透视表样式的名称。

② 完成后单击"确定"按钮即可。

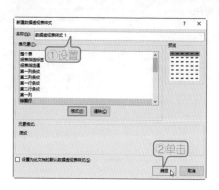

05 套用自定义样式

自定义样式后，在"数据透视表工具/设计"选项卡的"数据透视表样式"组中单击"其他"下拉按钮，在下拉列表中单击"自定义"栏中新建的样式即可将其套用。

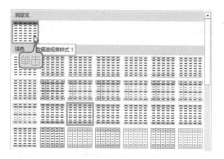

9.3 使用数据透视图

知识导读

数据透视图是数据透视表的图形表达方式，其图表类型与前面介绍的一般图表类型相似，主要有柱形图、条形图、折线图、饼形图、面积图以及圆环图等。下面将介绍创建数据透视图、更改数据透视图的布局、设置数据透视图的样式等操作。

9.3.1 创建数据透视图

在Excel中用户可以使用向导创建数据透视图，也可以在创建的数据透视表基础上创建数据透视图。下面将分别介绍这两种方法。

1. 利用源数据创建

和创建数据透视表相似，用户可以在源数据的基础上使用向导创建数据透视图，方法如下。

01　**插入数据透视图**	02　**设置参数**
① 打开工作簿，选中整个数据区域。 ② 切换到"插入"选项卡，单击"图表"组中的"数据透视图"下拉按钮。 ③ 在打开的下拉菜单中单击"数据透视图"命令。	① 打开"创建数据透视表及数据透视图"对话框，此时选中的单元格区域将自动引用到"表/区域"文本框，在"选择放置数据透视表及数据透视图的位置"栏中设置数据透视图的放置位置，如选择"新工作表"选项。 ② 单击"确定"按钮。

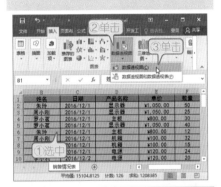 

03　**查看完成效果**	04　**勾选字段**
返回工作表，可以看到工作簿中新建了一个工作表，在该工作表中已创建好一个空白数据透视表和数据透视图。	在右侧的"数据透视图字段列表"窗格中勾选需要添加到数据透表中的字段前面的复选框，即可看到在工作表中同时创建出了带有数据的数据透视表和数据透视图。

 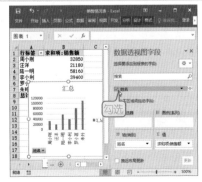

2. 利用数据透视表创建

在已经创建好数据透视表的情况下，用户还能够以数据透视表为基础快速创建数据透视图。方法如下。

01 打开对话框	02 选择图表类型和样式
① 选中数据透视表中的任意单元格。 ② 切换到"数据透视表工具/分析"选项卡，单击"工具"组中的"数据透视图"按钮。	① 在打开的"插入图表"对话框中选择图表类型和样式。 ② 单击"确定"按钮。

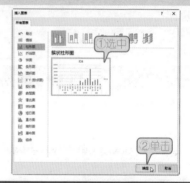

03 查看完成效果	04 勾选字段
返回工作表，即可看到已创建好一个数据透视图，由于先前数据透视表中的字段太多，因此此时的数据透视图比较繁杂。	在"数据透视表字段"列表窗格中选择要显示到数据透视图中的字段，返回工作表即可看到数据透视表和数据透视图同时发生了变化。

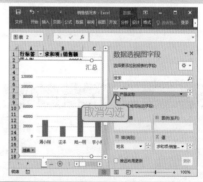

技巧

关闭"数据透视表字段"窗格之后，如果要将其再次显示出来，可以将光标定位到数据透视表中，然后切换到"数据透视表工具/分析"选项卡，在"显示"组中单击"字段列表"按钮即可。

9.3.2 更改数据透视图的布局

创建数据透视图后，可以根据需要更改数据透视图的布局，以便添加标题等元素。

方法为：选中数据透视图，切换到"数据透视图工具/设计"选项卡，然后单击"图表布局"组中的"快速布局"下拉按钮，在弹出的下拉列表中单击需要的布局样式即可。

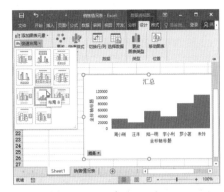

9.3.3 设置数据透视图的样式

在数据透视图中设置样式的方法与设置图表样式的方法相似，通过"数据透视图工具/设计"选项卡可以将Excel中内置的图表样式快速应用到数据透视图中，方法如下。

01　选择图表样式

① 选中数据透视图。

② 切换到"数据透视图工具/设计"选项卡，单击"图表样式"组中的下拉按钮。

③ 在弹出的下拉列表中单击需要的图表样式即可。

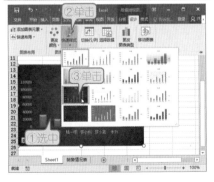

02　选择配色方案

① 选中数据透视图。

② 单击"更改颜色"下拉按钮。

③ 在打开的下拉色板中，可以根据需要选择数据透视图的配色方案。

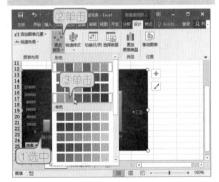

9.4　使用切片器

知识导读

作为筛选组件，切片器的使用十分简单方便。它包含一组按钮，使用户能够快速地筛选数据透视表中的数据，而无需打开下拉列表查找要筛选的项目。下面将介绍插入切片器，以及用切片器筛选数据的方法。

9.4.1 插入切片器

插入切片器前，需要先在工作表中创建数据透视表。在工作表中创建数据透视表后，插入切片器的方法如下。

01 打开"插入切片器"对话框

① 选中数据透视表中的任意单元格。
② 切换到"数据透视表工具/分析"选项卡，在"筛选"组中单击"插入切片器"按钮。

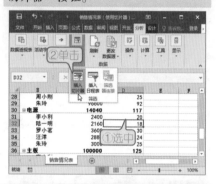

02 勾选字段

① 打开"插入切片器"对话框，在列表框中勾选要为其创建切片器的字段对应的复选框。
② 单击"确定"按钮。

03 查看完成效果

返回工作表，即可看到所选字段创建切片器后的效果。

🔊 提 示

选中数据透视表中的任意单元格后，单击"插入"选项卡的"筛选器"组中的"切片器"按钮，也可插入切片器。

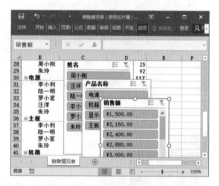

9.4.2 用切片器筛选数据

使用切片器来筛选数据透视表中的数据方法非常简单，只需单击切片器中的一个或多个按钮即可。

以"销售情况表"为例，使用切片器筛选数据的方法为：创建数据透视表和切片器，在"姓名"切片器中单击"李小利"按钮，此时切片器中将突出显示关于"李小利"的产品名称和销售额，同时，数据透视表中也将会筛选出"李小利"的销售情况，再单击"产品名称"中的"机箱"按钮，切片器中将突出显示关于员工"李小利"的机箱销售额，且数据透视表中的数据也随之发生变化。

9.4.3 清除切片器筛选条件

在切片器的每个切片的右上角都有一个"清除筛选器"按钮 ，在默认情况下，该按钮为灰色不可用状态，当用户在该切片中设置了筛选条件后，该按钮才可用。单击相应切片上的 按钮，或选中切片后按下"Alt+C"组合键，即可清除该切片的筛选条件。

9.5 课堂练习

练习一：分析公司销售业绩表

▶**任务描述**：

本节将利用数据透视图表和数据透视图分析公司销售业绩表，目的在于使读者用本章所学的知识，能够在实践中熟练使用数据透视表和数据透视图分析数据的方法。

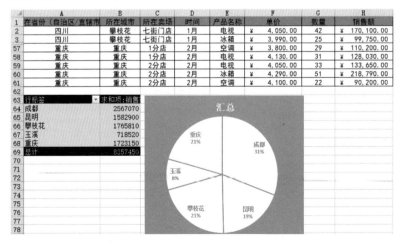

▶ **操作思路:**

01 打开"公司销售业绩"工作簿。

02 为工作表中的表格数据创建一个数据透视表和一个数据透视饼形图,将创建
　　的数据透视表和数据透视图放置在现有工作表中。

03 通过数据透视表和数据透视图分析公司销售业绩表中的数据。

04 快速套用Excel提供的数据透视表样式和数据透视图样式,更改数据透视图配
　　色方案,美化数据透视表和数据透视图。

05 为方便查看,隐藏部分工作表行。

练习二: 分析销售记录表

▶ **任务描述:**

　　本节将利用数据透视图表和切片器分析销售记录表,目的在于使读者用本
章所学的知识,能够在实践中熟练使用数据透视表和切片器分析数据的方法。

▶ **操作思路:**

01 打开"销售记录表"工作簿,新建一个名为"数据透视表"的工作表。

02 为"销售记录"工作表中的表格数据创建一个数据透视表,将创建的数据透
　　视表放置在新工作表("数据透视表"工作表)中。

03 为数据透视表插入切片器,通过数据透视表和切片器分析"销售记录表"中
　　的数据。

9.6　课后答疑

　　问: 如何调整数据透视图的大小?

　　答: 在Excel中,调整数据透视图大小的方法与调整普通图表大小的方法相
同: 选中数据透视图,在数据透视图四周将出现一个控制框,其上有8个控制
点,将鼠标光标指向控制点,当鼠标指针变为双向箭头形状时,按住鼠标左键
不放,拖动到适当位置释放鼠标左键即可。

问：如何隐藏数据透视图中的字段按钮？

答：在Excel 2016中创建数据透视图，并为其添加字段后，透视图中会显示字段按钮，如果需要隐藏数据透视图中的字段按钮，方法有两种。

❖ 选中数据透视图中的字段按钮，单击鼠标右键，在弹出的快捷菜单中单击"隐藏图表上的所有字段按钮"命令即可。

❖ 选中数据透视图，切换到"数据透视图工具/分析"选项卡，单击"显示/隐藏"组中的"字段按钮"下拉按钮，在弹出的下拉列表中单击"全部隐藏"命令即可。

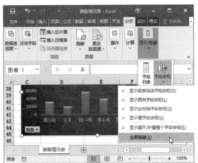

第10章

Excel 2016高级应用

Excecl 2016有多项高级应用功能，本章将详细介绍Excel 2016的高级应用，包括共享工作簿、Office组件间的链接和嵌入、超链接的运用、宏的使用，以及控件的基本应用等相关知识。

本章要点：

❖ 共享工作簿
❖ Office组件间的链接和嵌入
❖ 超链接的运用
❖ 宏的使用
❖ 控件的基本应用

10.1 共享工作簿

知识导读

通过共享工作簿，可以实现多用户同时编辑一个电子表格。下面将向读者
介绍创建共享工作簿、修订共享工作簿和取消共享工作簿的方法。

10.1.1 创建共享工作簿

为了方便局域网中的其他用户对工作簿文档进行编辑或查看，可以将工作
簿属性设置为共享。方法如下。

01 打开"共享工作簿"对话框

打开工作簿，切换到"审阅"选项卡，单击"更改"组中的"共享工作簿"按钮，打开"共享工作簿"对话框。

02 共享工作簿

① 在"共享工作簿"对话框的"编辑"选项卡中，勾选"允许多用户同时编辑，同时允许工作簿合并"复选框。

② 单击"确定"按钮。

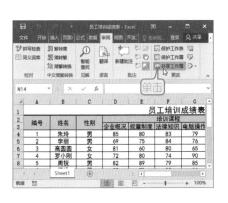

03 保存设置

弹出提示对话框，单击"确定"按钮，确认并保存共享设置即可。

📶 提示

共享工作簿后，可以看见标题栏文件名后出现"共享"两字，表示该电子表格已被设置成了共享电子表格。

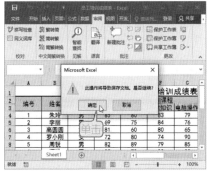

共享工作簿后，设置工作簿为共享工作簿的用户为主用户，能同时编辑共享工作簿的用户为辅用户。共享工作簿对辅用户的操作是有限制的，如不能进行合并单元格、调整条件格式、插入图表、插入图片、数据验证、插入对象、超链接、分类汇总以及插入数据透视表、保护工作簿（表）和使用宏等操作。

此外，共享工作簿后将其放到局域网的共享文件夹中，局域网中的其他用户即可在各自的电脑上编辑该工作簿。在Windows 10操作系统中，所有公用文件夹默认为共享文件夹，因此只要将设置了共享属性的工作簿中放入其中即可。

10.1.2 修订共享工作簿

在Excel中修订共享工作簿有两种情况：一种是突出显示修订，另一种是接受/拒绝修订。下面将向读者详细介绍这两种情况。

1. 突出显示修订

共享工作簿之后，同一工作簿可以被多用户修订，若设置了突出显示修订命令，则能够显示其他用户对共享工作簿的修订过程。方法如下。

`01` 打开"突出显示修订"对话框	`02` 设置突出显示选项
① 打开共享后的工作簿，将D8单元格中的数据修改为85。 ② 在"审阅"选项卡的"更改"组中单击"修订"→"突出显示修订"命令，打开"突出显示修订"对话框。	① 在"突出显示修订"对话框中，根据需要设置突出显示的修订选项。 ② 设置完成后单击"确定"按钮。

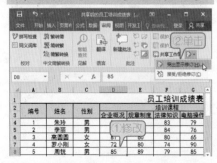

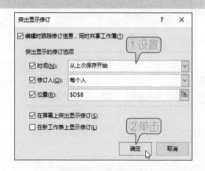

03 查看完成效果

返回工作表，即可看到D8单元格的左上角添加了一个标记，将光标指向该标记可以看到相应的批注。

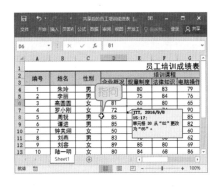

2. 接受/拒绝修订

在修订共享工作簿的内容时，各用户之间可能会产生修订冲突，利用接受/拒绝修订命令可以由主用户来确定是否接受辅用户修订的内容。方法如下。

01 打开"接受/拒绝修订"对话框

① 打开设置了突出显示修订的工作簿，单击"审阅"选项卡的"更改"组中的"修订"下拉按钮。
② 在打开的下拉菜单中单击"接受/拒绝修订"命令。

02 共享设置

① 弹出提示对话框，单击"确定"按钮，保存共享设置。弹出"接受或拒绝修订"对话框，取消勾选"时间"、"修订人"和"位置"复选框。
② 设置完成后单击"确定"按钮。

03 接受或拒绝修订

弹出"接受或拒绝修订"对话框，根据需要选择是否接受修订，如不接受则单击"拒绝"按钮即可。

> 📶 **提 示**
>
> 工作表中有多处更改时，选择是否接受修订后，Excel将自动跳转到下一个更改项，要求用户继续进行选择。

10.1.3 取消共享工作簿

设置了共享的工作簿后，也可以根据需要取消共享设置。以"共享后的员工培训成绩表"为例，取消共享工作簿方法如下。

01 打开"共享工作簿"对话框

打开共享后的工作簿，单击"审阅"选项卡的"更改"组中的"共享工作簿"按钮。

02 共享设置

① 在"共享工作簿"对话框中，取消勾选"允许多用户同时编辑，同时允许工作簿合并"复选框。
② 单击"确定"按钮。

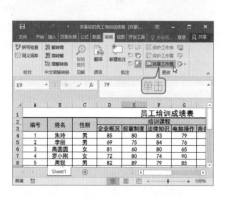

03 确认取消共享

弹出"Microsoft Excel"提示对话框，单击"是"按钮。

04 查看完成效果

此时既取消了工作簿的共享属性，同时标题栏的文件名后的"共享"二字也消失了。

10.2 Office组件间的链接和嵌入

知识导读

Office 2016的组件之间可以进行链接和嵌入的操作。在实际工作中有时需要将其他Office组件中的文件链接或嵌入到Excel中。下面将向读者介绍插入嵌入对象、修改链接和嵌入，以及改变对象显示标签的方法。

10.2.1 插入嵌入对象

有时为了完善和丰富表格内容，需要嵌入其他组件中的文件到Excel中。以嵌入一个PowerPoint演示文稿到Excel工作簿中为例，方法如下。

01 打开"对象"对话框

打开工作簿，切换到"插入"选项卡，单击"文本"组中的"对象"按钮，打开"对象"对话框。

02 选择对象类型

① 在"对象"对话框的"对象类型"列表框中选择需要的PowerPoint幻灯片选项。

② 单击"确定"按钮。

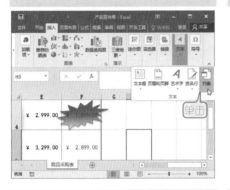

03 插入空白幻灯片

返回工作表，即可看到在工作表中嵌入了一张空白的PowerPoint幻灯片。

04 输入并设置幻灯片内容

① 分别在"单击此处添加标题"和"单击此处添加副标题"处输入相应的内容，并设置字体样式、幻灯片版式等。

② 单击任意单元格即可。

10.2.2 修改链接和嵌入

在Excel中修改链接和嵌入对象有两种情况，一种是直接编辑链接和嵌入对象，另一种是编辑其他程序中的嵌入对象。下面将分别进行介绍。

- ❖ 直接编辑链接和嵌入对象的方法：若安装了创建链接对象的源程序，双击链接即可打开源程序的操作界面进行修改，或在嵌入的对象上单击鼠标右键，在弹出的快捷菜单中选择对象类型，然后在打开的子菜单中单击"编辑"命令。
- ❖ 编辑其他程序中的嵌入对象的方法：在嵌入的对象上单击鼠标右键，在弹出的快捷菜单中选择嵌入对象类型，然后在打开的子菜单中单击"转换"命令，在打开的"类型转换"对话框中选中"转换类型"单选项，在"对象类型"列表框中指定类型，完成后单击"确定"按钮即可。

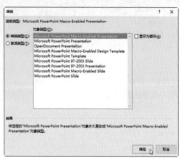

10.2.3 改变对象显示标签

在Excel 2016中可以将嵌入的对象转换为图标的样式显示，并根据需要更改显示标签。方法如下。

01 打开"类型转换"对话框	**02 单击"更改图标"按钮**
① 在嵌入的对象上使用鼠标右键单击。 ② 在弹出的快捷菜单中单击"幻灯片对象"→"转换"命令，打开"类型转换"对话框。	① 在"类型转换"对话框中，选中原对象类型，如选择"Microsoft PowerPoint幻灯片"选项，然后勾选"显示为图标"复选框。 ② 单击"更改图标"按钮。
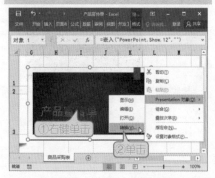	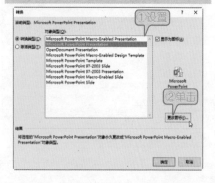

03 选择图标样式	04 查看完成效果
① 此时弹出"更改图标"对话框，在"图标"列表框中选择一种图标样式，在"图标标题"栏中输入图标标题。 ② 单击"确定"按钮。	① 返回"类型转换"对话框，单击"确定"按钮。 ② 返回工作表，即可看到插入的幻灯片对象按照刚才的设置被转换为图标显示。

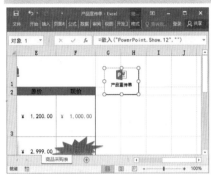

10.3 超链接的运用

知识导读

通过Excel的高级应用，用户可以在Excel电子表格中插入超链接。下面将向读者介绍插入和编辑超链接的方法。

10.3.1 插入超链接

在工作中，有时为了使电子表格的内容更丰富，需要在其中插入超链接。以在"员工培训成绩表"电子表格插入超链接"新员工培训计划表"电子表格为例，方法如下。

01 打开"插入超链接"对话框	
① 打开"员工培训成绩表"工作簿，选中A21单元格。 ② 单击"插入"选项卡的"链接"组中的"超链接"按钮，打开"插入超链接"对话框。	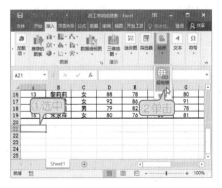

02 超链接设置

① 在"插入超链接"对话框的"查找范围"下拉列表框中选择超链接文件的位置，在列表框中选择超链接文件。

② 完成后单击"确定"按钮。

03 查看完成效果

返回工作表，即可看到在A21单元格中插入了一个名为"新员工培训计划表.xlsx"的超链接，单击该链接，即可快速打开"新员工培训计划表"工作簿。

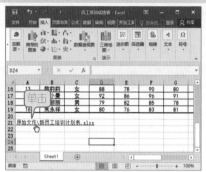

10.3.2 编辑超链接

插入超链接后，还可以根据需要对其进行编辑操作，例如，设置超链接显示的文字，或通过相应按钮进行变更链接文件、删除超链接、添加书签等。方法如下。

01 打开"编辑超链接"对话框

① 使用鼠标右键单击插入的超链接。

② 在弹出的快捷菜单中单击"编辑超链接"命令，打开"编辑超链接"对话框。

02 设置超链接显示文字

① 在"编辑超链接"对话框中，可以对超链接进行各种编辑操作。例如，设置超链接的显示文字，则在"要显示的文字"文本框中输入相应文字。

② 设置后单击"确定"按钮即可。

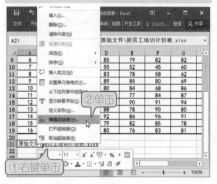

03 查看完成效果

返回工作表,即可看到超链接显示文字发生了相应的变化。

📶 提 示

打开"编辑超链接"对话框,单击"删除链接"按钮,即可取消超链接;此外,使用鼠标右键单击插入的超链接,在弹出的快捷菜单中单击"取消超链接"命令也可以取消插入的超链接。

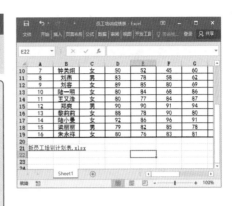

10.4 宏的使用

知识导读

在Excel中,利用宏可以将经常重复执行的某项任务设置为自动执行。下面将介绍宏的安全设置、录制宏、运行宏以及查看与修改宏代码等知识点。

10.4.1 宏的安全设置

在默认情况下,Excel 2016启用了宏,如果需要禁用宏,或需要更改宏的安全设置,方法如下。

01 打开"信任中心"对话框

① 打开工作簿,切换到"文件"选项卡,单击"选项"命令。打开"Excel选项"对话框,切换到"信任中心"选项卡。

② 单击"信任中心设置"按钮,打开"信任中心"对话框。

02 宏的安全设置

① 在"信任中心"对话框的"宏设置"选项卡中根据需要进行宏的安全设置。

② 完成后单击"确定"按钮。

③ 返回"Excel 选项"对话框,单击"确认"按钮即可。

在"信任中心"对话框中，包含了多种宏设置方式，其中各个选项的具体含义如下。

❖ "禁用所有宏，并且不通知"：选择此项，文档中的所有宏以及有关宏的安全警报都被禁用。受信任位置中的文档可直接运行，信任中心安全系统不会对其进行检查。

❖ "禁用所有宏，并发出通知"：此选项为默认设置，表示禁用宏，但文档存在宏的时候会收到安全警报。

❖ "禁用无数字签署的所有宏"：与"禁用所有宏，并发出通知"选项的用途相同。但下面这种情况除外，在宏已由受信任的发行者进行了数字签名时，若用户信任发行者，则可运行宏，若不信任发行者，则将收到通知。这样，用户就可以选择启用那些签名的宏或信任发行者，而未签名的宏都会被禁用且不发出通知。

❖ "启用所有宏"：选用此设置后，计算机容易受到可能是恶意代码的攻击，软件可能会自动运行有潜在危险的代码，因此，建议用户在使用完宏之后恢复禁用所有宏的设置。

❖ "信任对VBA工程对象模型的访问"：此设置仅适用于开发人员。

10.4.2　录制宏

录制宏的方法其实很简单。打开工资表，启用宏，然后在其中录制宏，方法如下。

01　打开"录制宏"对话框

① 在"工资条"工作表中选中A1单元格。

② 切换到"开发工具"选项卡，按下"使用相对引用"按钮，使录制宏的操作相对于初始选定的单元格。

③ 单击"代码"组中的"录制宏"按钮，打开"录制宏"对话框。

02　宏的设置

① 在"录制宏"对话框的"宏名"文本框中输入宏名，本例输入"工资表变工资条"，在"快捷键"栏中设置运行宏的快捷键，在"保存在"下拉列表框中选择宏的保存位置。

② 完成后单击"确定"按钮。

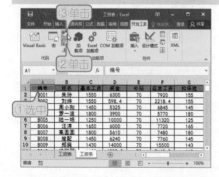

03 录制宏

① 返回工作表，使用"Ctrl+C"组合键复制表头所在的A1:K1单元格区域。

② 用鼠标右键单击第3行行标，在弹出的快捷菜单中单击"插入复制单元格"命令。

③ 在弹出的"插入粘贴"对话框中，设置活动单元格下移，然后单击"确定"按钮，插入复制的表格。

04 停止录制

此时为第2条工资条目添加了表头，完成了"复制粘贴表头"的动作，在"开发工具"选项卡的"代码"组中单击"停止录制"按钮■即可。

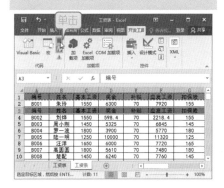

提 示

在默认情况下，"使用相对引用"按钮为未选中状态，如果不按下"使用相对引用"按钮，在录制宏时不会使用相对引用。

有一点需要注意，在保存包含宏的工作簿时，应将保存类型设置为支持宏的格式，如"Excel启用宏的工作簿"。

此外，如果要在每次使用Excel时都能使用这个录制的宏，就需要在"录制宏"对话框的"保存在"下拉列表框中选择将宏保存在"个人宏工作簿"。在选择"个人宏工作簿"时，如果隐藏的个人工作簿（Personal.xlsb）不存在，Excel会创建一个新工作簿并将宏保存在此工作簿中。

10.4.3 运行宏

录制宏完毕后，选中目标单元格，按下设置的快捷键即可运行宏。但这种方法只适合宏较少的情况，如果录制的宏太多，用户很容易忘记宏的快捷键，此时可以通过功能区运行宏。方法如下。

01 打开"宏"对话框

① 在工作表中选中要应用宏的单元格，如A3单元格。

② 单击"开发工具"选项卡的"代码"组中的"宏"按钮。

02 宏的设置

① 在"宏"对话框的"位置"下拉列表框中选择要运行的宏所在的位置，在"宏名"列表框中选中要运行的宏，如"工资表变工资条"宏。

② 单击"执行"按钮。

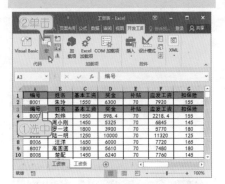

03 查看完成效果

返回工作表，即可看到运行宏后的效果了。

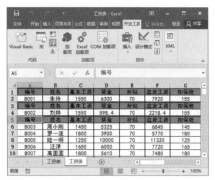

10.4.4 查看与修改宏代码

通过Excel的宏记录器录制宏，操作起来是很简便，但是具有一定的局限性。因此，在Excel实际应用中，复杂而专业的VBA宏代码都是使用Visual Basic编辑器完成的。而对于使用宏记录器录制的宏，我们也可以利用Visual Basic编辑器查看其宏代码，并进行一些修改，使其更符合我们的使用需要。下面分别介绍查看与修改宏代码的方法。

1. 查看宏代码

要打开Visual Basic编辑器查看录制的宏代码，可以通过"宏"对话框，或者通过"Visual Basic"按钮实现。下面详细介绍这两种打开Visual Basic编辑器查看宏代码的方法。

❖ 通过"宏"对话框：打开Excel文档，单击"开发工具"选项卡的"代码"组中的"宏"按钮，在弹出的"宏"对话框的"位置"下拉列表框中选中要查看的宏所在的位置，在"宏名"列表框中选中要查看的宏名称，然后单击"编辑"按钮，即可在打开的窗口中查看或修改宏代码了。

❖ 通过"Visual Basic"按钮：打开Excel工作表，单击"开发工具"选项卡的"代码"组中的"Visual Basic"按钮，然后在打开的"Visual Basic"窗口左侧的"工程"列表框中宏所在的工作表下双击"模块1"选项，即可在窗口右侧的窗格中查看并修改宏代码了。

2. 修改宏代码

要对宏代码进行修改，就会涉及VBA的基础语法，有需要可以查找VBA编程专业书籍和教程来加深学习。这里我们以前面录制的"工资表变工资条"宏为例，介绍修改宏代码和使录制的宏变得更"智能"的方法。

打开"Visual Basic"窗口，可以看到该宏代码如下。

```
Sub 工资表变工资条()
'
' 工资表变工资条 宏
'
' 快捷键: Ctrl+k
'
    ActiveCell.Range("A1:K1").Select
    Selection.Copy
    ActiveCell.Offset(2, 0).Range("A1").Select
    Selection.Insert Shift:=xlDown
End Sub
```

为了使录制的宏更"智能"，需要在第一行代码"Sub 工资表变工资条
()"之后添加两行代码"Dim i As Long"和"For i = 2 To 100"（此处数据
需要根据工资表表格行数设置，例如，表格有150行，则代码为"For i = 2 To
150"）。然后在最后一行代码"End Sub"前加入一行代码"Next"。最终修
改后的宏代码如下（红色部分为修改的代码）。

```
Sub 工资表变工资条()
Dim i As Long
For i = 2 To 100


'
'工资表变工资条 宏
'
'快捷键: Ctrl+k
'
    ActiveCell.Range("A1:K1").Select
    Selection.Copy
    ActiveCell.Offset(2, 0).Range("A1").Select
    Selection.Insert Shift:=xlDown
Next
End Sub
```

完成修改之后，单击"Visual Basic"窗口中的"保存"按钮，保存修改
即可。此后运用该宏，可以发现，Excel一次性就将工资表"变"为了工资条。

10.5 控件的基本应用

知识导读

控件即添加在窗体上的一些图形对象，用户可以操作该对象来执行某一行
为。下面将向读者介绍控件的类型，以及在Excel工作表中添加和使用控
件的方法。

10.5.1 控件的类型

在Excel工作表中，系统提供两种控件类型：表单控件和ActiveX控件，下面
分别介绍这两种控件类型。

❖ 表单控件：如果需要在工作表中录制所有的宏并指定控件。又想在VBA中
　编写或更改任何一个宏代码，可以使用表单控件。但表单控件不能控制事
　件，在Web页中也不能用表单控件运行Web脚本。
❖ ActiveX控件：该类型控件相对来说比表单控件更灵活，可以控制事件并有

一个属性列表，在Excel工作表和VBA编辑器中都可以使用该类型控件，也可以在Web页上的Excel窗体和数据中使用，但不能在图表工作表中使用该类型控件。

在Excel中，打开"开发工具"选项卡的"控件"组中的"插入"下拉列表，可以看到常用的控件主要有以下几类。

❖ 标签 **Aa**：用于表标静态文本。

❖ 按钮（命令按钮）☐：用于执行宏命令。

❖ 复选框☑：它是一个选择控件，通过单击它，可以选中和取消选中，可以进行多项选择。

❖ 选项按钮◉：通常几个选项按钮组合在一起使用，在一组中只能选择一个选项按钮。

❖ 列表框▤：用于显示多个选项并支持从中选择，只能单选。

❖ 组合框▤：用于显示多个选项并支持从中选择，可以选择其中的项目或者输入一个其他值。

❖ 滚动条▤：这不是常见的给很长的窗体添加滚动能力的控件，而是一种选择机制，例如，调节过渡色的滚动条控件。

❖ 数值调节控件▤：也是一种数值选择机制，通过单击控件中的箭头来选择数值。

10.5.2 使用表单控件

下面以在"会计账务数据库"工作簿中添加表单控件为例，进行介绍，使用表单控件的方法如下。

01 选择控件
① 打开"会计账务数据库"工作簿，切换到"会计凭证"工作表，单击"开发工具"选项卡的"控件"组中的"插入"下拉按钮。 ② 在打开的下拉列表中单击"表单控件"栏的"按钮"☐ 选项。

02　绘制控件

此时光标变为十字形状，在工作表中按住鼠标左键拖动至合适位置后释放，即可绘制一个"按钮"控件。

04　宏的设置

① 弹出"录制宏"对话框，在"快捷键"文本框中输入"r"，设置宏的快捷方式。
② 单击"确定"按钮。

03　打开"录制宏"对话框

① 弹出"指定宏"对话框，在"宏名"文本框中输入"清除数据"。
② 单击"录制"按钮。

05　录制宏

① 返回工作表，开始录制宏，本例选中A4:G12单元格区域，使用鼠标右键单击。
② 在弹出的快捷菜单中单击"清除内容"命令。

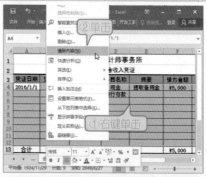

06　停止录制

完成后单击"开发工具"选项卡的"代码"组中的"停止录制"按钮，结束宏的录制。

07 进入编辑文字状态

① 使用鼠标右键单击插入的控件。
② 在弹出的快捷菜单中单击"编辑文字"命令。

08 输入按钮名称

① 此时按钮进入可编辑状态，在按钮上输入名称，如"清空"，并使用鼠标左键拖动的方法适当地调整按钮的大小和位置。
② 完成后单击任意单元格退出编辑状态。

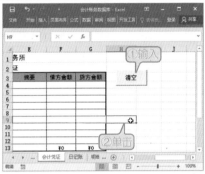

09 打开"设置控件格式"对话框

① 使用鼠标右键单击插入的控件。
② 在弹出的快捷菜单中单击"设置控件格式"命令，打开"设置控件格式"对话框。

10 设置控件格式

① 在"设置控件格式"对话框中，分别设置控件的字体、字号、字形和文本颜色。
② 完成后单击"确定"按钮。

11 控件格式设置效果

① 返回工作表中，即可看到设置控件文本格式后的效果。
② 根据需要使用鼠标左键拖动，调整控件大小和位置。

12 输入表格内容

要测试按钮控件效果，则在A4：G12单元格区域中输入相应的内容。

13 使用控件

单击"清空"按钮，即可看到A4：G12单元格区域中的数据内容被清空了。

10.5.3 使用ActiveX控件

添加ActiveX控件与添加表单控件的方法相似。下面练习在"出入库管理"工作簿中添加ActiveX控件。

01 选择控件

① 打开"出入库管理"工作簿，切换到"录入数据"工作表，单击"开发工具"选项卡的"控件"组中的"插入"下拉按钮。

② 打开下拉菜单，单击"ActiveX控件"栏中的"命令按钮"选项。

02 绘制控件

此时光标变为十字形状，在工作表中按住鼠标左键不放拖动到适当位置释放，即可绘制一个"命令按钮"控件。

03 进入编辑状态

① 使用鼠标右键单击插入的控件。

② 在弹出的快捷菜单中执行"命令按钮对象"→"编辑"命令。

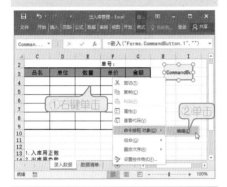

04 输入按钮名称

① 该按钮进入可编辑状态，可以在按钮上输入名称，如输入"存储"，并通过拖动鼠标左键的方法调整其大小和位置。

② 完成后单击任意单元格退出编辑状态。

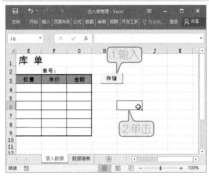

05 打开"属性"窗口

① 使用鼠标右键单击插入的控件。

② 在弹出的快捷菜单中单击"属性"命令，打开"属性"窗口。

06 打开"字体"对话框

① 在"属性"窗口中，在左侧的项目列表中单击"Font"项目。

② 在其右侧的属性文本框中出现一个按钮 ... ，单击此按钮。

07 设置字体

① 在"字体"对话框中，设置字体、字形和大小。
② 完成后单击"确定"按钮。

08 设置文字颜色

① 返回"属性"窗口，在右侧的项目列表中单击"ForeColor"选项。
② 在其右侧的属性文本框中单击下拉箭头按钮。
③ 在弹出的下拉列表中切换到"调色板"选项卡，选择一种字体颜色。

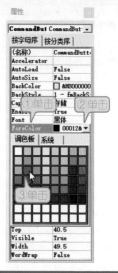

09 设置效果

设置完成后，单击"关闭"按钮，关闭"属性"窗口返回工作表，即可看到设置命令按钮属性后的效果。

10 打开编辑器窗口

① 使用鼠标右键单击"命令按钮"控件。
② 在弹出的快捷菜单中单击"查看代码"命令。

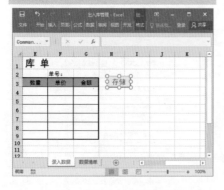

11 编辑代码

① 弹出"Microsoft Visual Basic"编辑器窗口，在"Sheet1（录入数据）"窗口中编辑代码（详细代码见下页）。

② 完成后单击"保存"按钮对其进行保存。

12 退出设计模式

返回工作表中，在"开发工具"选项卡的"控件"组中单击"设计模式"按钮，退出设计模式即可。

13 测试控件

① 要测试按钮控件效果，则在"出入库单"中输入"日期"、"单号"等产品的出入库信息看。

② 单击"存储"按钮。

14 查看完成效果

切换到"数据清单"工作表中，即可看到刚才录入的数据信息已被存储到该工作表中了。

在"Microsoft Visual Basic"编辑器窗口的"Sheet1（录入数据）"窗口中输入的详细代码如下。

```
Private Sub CommandButton1_Click()
Dim i, j As Integer '定义整行变量
Dim rng As Range '定义区域变量
```

```
Dim date_a As Date '定义日期变量
Dim bianhao As String '定义字符串变量
 j = Application.CountA(Range("B4:B9")) + 3
 '获得所录入产品的最后一条记录的行号
If j < 4 Then Exit Sub
'当j小于4时，即没有录入产品数据时停止执行该过程
 date_a = Range("C2").Value
 '将C2单元格内的日期值赋给变量Date_a
 bianhao = Range("G2").Value
 '将G2单元格内的编号值赋给变量bianhao
 Set rng = Range("B4:G" & j)
 '假如j为5,那么就是将单元格区域B4：G5赋给变量rng
With Sheets("数据清单")
 i = .Range("A" & Rows.Count).End(xlUp).Row + 1
 '首先记录A列的行数即工作表的总行数，然后向上查找第一个非空值的单元格
行数，再加"1"
 .Range("A" & i & ":A" & i + j - 4).Value = date_a
 .Range("b" & i & ":b" & i + j - 4).Value = bianhao
 .Range("c" & i & ":h" & i + j - 4).Value = rng.Value
 '以上3行代码相当于分别将日期、编号和产品信息复制到"数据清单"工作表
中的相应位置
 End With
End Sub
```

10.6 课堂练习

练习一：制作新产品市场调查问卷

▶**任务描述：**

　　本节将制作一个"新产品市场调查问卷"，目的在于使读者用本章所学的知识，能够在实践中熟练Excel 2016的高级应用操作。

▶**操作思路：**

01 新建一个名为"新产品市场调查问卷"的启用宏的工作簿。

02 根据需要在工作簿中输入基本内容，并设置文本格式等。

03 根据需要插入并编辑控件.

04 取消显示工作表网格线。

	A	B	C	D	E	F	G
1	新产品市场调查问卷						
2	我公司近期将推出一款功能强大的智能手机，现在请您花上几分钟的时间完成以下问题，						
3	您的帮忙将为这款手机增添无限精彩，谢谢您的合作！						
4	1. 您的性别？						
5	○男　　　　○女						
6	2. 您的年龄？						
7	○20岁以内　　○ 20-30岁　　○ 30-40岁　　○ 40-50岁　　○ 50岁以上						
8	3. 您的职业？						
9	○学生　　　　○公务员　　　○企业职业　　○自由职业						
10	4. 您的收入？						
11	○1000元以内　○ 1001-2000元　○ 2001-3000元　　○ 3000元以上						
12	5. 您的学历？						
13	○高中　　　○专科　　　○本科　　　○本科以上						
14	6. 您看重手机的哪些性能？（可多选）						
15	□外观　　　□价格　　　□照相功能　　□待机时间						
16	7. 您期望的手机价位？						
17	○1000元以内　○ 1001-2000元　○ 2001-3000元　○ 3000元以上						
18	8. 您最近3个月有购买手机的打算吗？						
19	○有　　　　○没有						
20	9. 您希望您的下一部手机具备哪些功能？（可多选）						
21	□上网　　　□游戏　　　□照相功能　　□定位系统　　□收音机功能　　□软件兼容性						
22							

练习二：制作一周日程安排表

▶ **任务描述：**

　　本节将制作一个"一周日程安排表"，目的在于使读者用本章所学的知识，能够在实践中熟练Excel 2016的高级应用操作。

	A	B	C	D
1	一周日程安排表			
2	日期	时间	地点	日程安排
3	9月10日	9：30	大会议室	半年总结会
4		11：30	**餐厅	接洽业务
5	9月11日	14：00	**中学	助学活动
6		18：00	**酒店	商务酒会
7	9月12日	9：00	**会展中心	夏季展销会
8		9：00	小会议室	经理讨论会
9	9月13日	10：00	办公室	接待客户
10		15：00	大会议室	季度财务报告会
11	9月14日	10：00	**公司	拜访合作伙伴

▶ **操作思路：**

01 新建一个名为"一周日程安排表"的工作簿。

02 根据需要在工作簿中创建多张工作表，并输入相应内容。

03 利用超链接，将相应的日程安排详情表格连接到"一周日程安排表"中。

04 隐藏多余的工作表标签。

10.7 课后答疑

问：如何为常用的宏设置快捷按钮？

答：在Excel中，我们还可以通过自定义功能区，为常用的宏设置快捷按钮，使宏运行起来更轻松。方法为：在工作表中录制好宏之后，打开"Excel选项"对话框，切换到"自定义功能区"选项卡，在"开发工具"选项卡中新建自定义选项卡组，在"从下列位置选择命令"下拉列表框中选择"宏"选项，在对应的列表框中选中要设置快捷按钮的宏，然后选中新建的自定义选项卡组，单击"添加"按钮，为所选的宏设置功能区快捷按钮，设置完成后单击"确定"按钮即可。为宏设置了快捷按钮之后，返回工作表后，找到添加的宏快捷按钮，单击即可运行该宏。

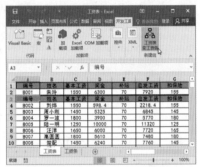

问：什么是VBA？

答：VBA即Visual Basic For Application的简称。它是微软开发的一种可以在应用程序中共享的自动化语言，能够实现Office自动化，从而极大地提高工作效率。使用VBA可以实现多种功能，例如，使重复的任务自动化，自定义Excel工具栏、菜单和界面，建立模块及宏指令，提供建立类模块的功能，自定义Excel使其成为开发平台，创建报表，对数据进行复杂的操作和分析。一组VBA指令的集合形成了宏，宏能够自动地执行宿主应用程序，一次性完成宿主应用程序的多项操作，或者扩展宿主应用程序的现有功能。在Excel实际应用中，绝大多数的VBA宏代码都是使用Visual Basic编辑器完成的。

问：录制的宏名有哪些要求？

答：在录制宏时，宏名不能随意设置，必须遵循以下规则。

❖ 宏名的首字符必须是英文字母。

❖ 宏名的其他字符可以是英文字母、数字或下画线。

❖ 宏名中不允许出现空格。

❖ 宏名可以用下画线作为分词符。

❖ 宏名不允许与单元格引用重名，否则会出现错误信息显示宏名无效。

第11章

打印电子表格

在日常工作中，Excel电子表格制作完成之后通常需要将其打印出来。因此，掌握一些Excel表格的打印技巧是很有必要的。本章将详细介绍在打印之前如何设置页面、页眉和页脚，设置之后如何打印工作表，以及一些使用的打印技巧。

本章要点：

❖ 设置页面

❖ 设置页眉、页脚

❖ 打印工作表

❖ 打印技巧

11.1 设置页面

知识导读

在打印工作表之前，用户需要对其进行适当的页面设置。下面将向读者介绍设置页面大小、页面方向和页边距的方法。

11.1.1 设置页面大小

设置页面大小是指设置打印纸张的大小。在Excel中，设置页面大小的方法主要有两种。

❖ 通过功能区设置：打开需要打印的工作表，然后切换到"页面布局"选项卡，单击"页面设置"组中的"纸张大小"下拉按钮，在弹出的下拉列表中选择需要的纸张大小即可。

❖ 通过"页面设置"对话框设置：打开需要打印的工作表，然后切换到"页面布局"选项卡，单击"页面设置"组右下角的功能扩展按钮，在弹出的"页面设置"对话框中单击"纸张大小"下拉按钮，在打开的下拉列表中选择需要的纸张大小，然后单击"确定"按钮即可。

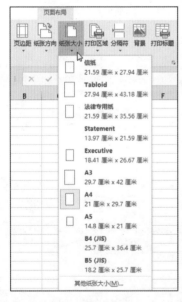

11.1.2 设置页面方向

在Excel中，默认的页面方向为纵向。在实际工作中，有些工作表中的数据列过多而行较少，此时可以将页面方向设置为横向，以减少打印页数。

❖ 通过功能区更改页面方向：打开需要打印的工作表，然后切换到"页面布局"选项卡，单击"页面设置"组中的"纸张方向"下拉按钮，在弹出的下拉列表中选择需要的纸张方向即可。

❖ 通过"页面设置"对话框设置：打开需要打印的工作表，切换到"页面布局"选项卡，单击"页面设置"组右下角的功能扩展按钮，在弹出的"页面设置"对话框中根据需要选择"纵向"或"横向"单选项，设置页面方向，然后单击"确定"按钮即可。

11.1.3 设置页边距

页边距是指页面上打印区域之外的空白区域，用户可以根据需要对其进行设置。

方法为：打开需要打印的工作表，切换到"页面布局"选项卡，单击"页面设置"组右下角的功能扩展按钮，弹出"页面设置"对话框，切换到"页边距"选项卡，在各个数值框中输入相应的页边距数值，完成后单击"确定"按钮即可。

此外，在实际工作中有时需要打印的数据不多，直接打印数据内容可能会集中在纸张的顶端，看起来很不美观。此时我们可以在"页面设置"对话框的"居中方式"栏中，通过勾选"水平"和"垂直"复选框进行相应的设置。

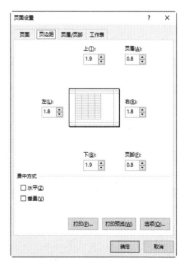

❖ 勾选"水平"复选框：使工作表的数据在左右边距之间水平居中打印。
❖ 勾选"垂直"复选框：使工作表的数据在上下页边距之间垂直居中打印。
❖ 勾选"水平"和"垂直"复选框：使工作表的数据居中打印。

11.2 设置页眉、页脚

知识导读

在Excel电子表格中，页眉用来显示每一页顶部的信息，通常包括表格名称等内容。而页脚则用来显示每一页底部的信息，通常包括页数、打印日期和时间等。

11.2.1 添加系统自带的页眉、页脚

要添加系统自带的页眉、页脚，方法为：打开工作簿，切换到"页面布局"选项卡，单击"页面设置"组右下角的功能扩展按钮，弹出"页面设置"对话框，切换到"页眉/页脚"选项卡，在"页眉"下拉列表中选择一种页眉样式，在"页脚"下拉列表中选择一种页脚样式，完成后单击"确定"按钮即可。

11.2.2 自定义页眉、页脚

除了使用系统自带的页眉、页脚，用户还可以根据需要在工作表中添加自定义的页眉、页脚，方法如下。

01 打开"页眉"对话框

① 打开"页面设置"对话框，切换到"页眉/页脚"选项卡。
② 单击"自定义页眉"按钮。

🔊 提 示

在普通视图中不能查看和编辑页眉、页脚，切换到"视图"选项卡，单击"工作簿视图"组中的"页面布局"按钮，切换到"页面布局"视图，才能查看和编辑页眉、页脚。

02 设置页眉

① 此时打开"页眉"对话框,可以根据需要设置页眉内容。
② 完成后单击"确定"按钮。

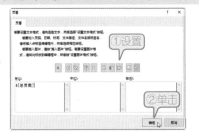

03 打开"页脚"对话框

返回"页面设置"对话框,单击"自定义页脚"按钮。

04 设置页脚

① 弹出"页脚"对话框,按照设置页眉的方法设置页脚。
② 完成后单击"确定"按钮。
③ 返回"页面设置"对话框,单击"确定"按钮保存设置即可。

11.2.3 为首页或奇偶页设置不同的页眉、页脚

在默认情况下,设置的页眉、页脚在整个文档中都是一致的,为了满足工作中的需要,用户还可以为首页或奇偶页设置不同的页眉、页脚,方法如下。

01 打开"页眉"对话框

① 打开要设置的工作簿,打开"页面设置"对话框,切换到"页眉/页脚"选项卡,勾选"奇偶页不同"复选框。
② 单击"自定义页眉"按钮,打开"页眉"对话框。

02 设置页眉

① 在"页眉"对话框的"奇数页页眉"选项卡中为奇数页设置页眉,切换到"偶数页页眉"选项卡,设置偶数页页眉。

② 完成后单击"确定"按钮。

03 打开"页脚"对话框

返回"页面设置"对话框,单击"自定义页脚"按钮。

04 设置页脚

① 在"页脚"对话框中,按照设置页眉的方法设置页脚。

② 完成后单击"确定"按钮。

③ 返回"页面设置"对话框,单击"确定"按钮保存设置即可。

> **提 示**
>
> 勾选"首页不同"复选框,然后单击"自定义页眉"按钮,在弹出的"页眉"对话框的"页眉"和"首页页眉"选项卡中,可以根据需要分别设置不同的页眉。设置首页不同的页脚的方法与此类似。

11.3 打印工作表

知识导读

为了保证打印的效果符合要求,用户在打印一个工作表之前,除了根据需要进行相应的页面设置,还需要对工作表进行打印预览,确认最终打印效果。下面将对打印预览、打印工作表和工作簿的方法等进行介绍。

11.3.1 打印预览

通过Excel的打印预览功能,用户可以在打印工作表之前先预览工作表的打印效果。

预览打印效果的方法为：打开需要打印的工作表，切换到"文件"选项卡，单击"打印"命令，即可在打开的页面中预览工作表的打印效果。

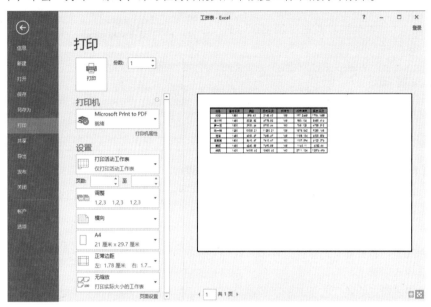

11.3.2 打印工作表

通过预览工作表确认打印效果之后，可以根据需要返回工作表中进行修改，当工作表符合要求后就可以开始打印了。

打印工作表的方法为：打开需要打印的工作表，然后切换到"文件"选项卡，单击"打印"命令，在打开的窗格中的"副本"数据框中输入需要打印的份数，在"页数"数据框中输入要打印的页码范围，设置好后单击"打印"按钮，即可开始打印。在默认情况下，"副本"数据框中的打印份数为1份，"页数"数据框中的打印页码范围为全部打印。

11.3.3 设置打印区域

在工作中，有时只需要打印工作表中的部分区域，通过Excel的打印设置可以轻松实现这一目的。

方法为：选中需要打印的表格区域，在"页面布局"选项卡的"页面设置"组中单击"打印区域"下拉按钮，在打开的下拉菜单中单击"设置打印区域"命令即可。

设置打印区域后，在"页面布局"选项卡的"页面设置"组中单击"打印区域"下拉按钮，在打开的下拉菜单中单击"取消打印区域"命令即可取消设置，打印整个工作表。

11.3.4　打印同一工作簿中的多个工作表

在实际工作中有时需要打印多张不同的工作表，此时，只要同时选中需要打印的多张工作表，然后再执行打印操作即可。

如果要打印一个工作簿中的所有工作表，方法为：打开需要打印的工作簿，在"文件"选项卡中单击"打印"命令，然后在打开的窗格中单击"设置"栏下方的下拉按钮，在打开的下拉列表中选择"打印整个工作簿"选项即可。

11.4　打印技巧

打印工作表的方法虽然很简单，但在打印过程中也有一些小技巧，利用这些技巧可以处理某些特殊的打印需求，提高工作效率。下面将向读者介绍不打印零值、不打印错误值、只打印公式、打印行列标号、缩放打印等常用的打印技巧。

11.4.1　不打印零值

制作的Excel表格中很可能有数值为零的情况，如果用户不希望打印出表格中的这些数值，可以设置在打印时隐藏零值。

设置在打印时隐藏零值的具体方法为：打开工作簿，切换到"文件"选项卡，单击其中的"选项"命令，弹出"Excel选项"对话框，切换到"高级"选项卡，在"此工作表的显示选项"栏中取消勾选"在具有零值的单元格中显示零"复选框,完成后单击"确定"按钮即可。

11.4.2 不打印错误值

公式的应用常见于工作表中,因为数据空缺或数据不全等原因导致返回错误值的情况并不少见。在打印时通过设置可以避免打印出工作表中的错误值影响美观。

设置不打印错误值的具体操作方法为:打开工作簿,切换到"页面布局"选项卡,单击"页面设置"组右下角的功能扩展按钮,打开"页面设置"对话框,然后切换到"工作表"选项卡,在"错误单元格打印为"下拉列表框中选择"空白"选项,完成后单击"确定"按钮即可。

11.4.3 只打印公式

在默认情况下,打印出的Excel表格中只会显示公式的结果,而不会显示公式的表达式。如果用户希望只打印公式而非结果,可以在"Excel选项"对话框中进行设置。

方法为:打开工作簿,切换到"文件"选项卡,单击其中的"选项"命令,打开"Excel 选项"对话框,切换到"高级"选项卡,勾选"此工作表的显示选项"栏中的"在单元格中显示公式而非其计算结果"复选框,完成后单击"确定"按钮即可。

11.4.4 打印行列标号

在日常工作中，有时可能需要在打印表格的同时打印出行列标号，用户可以通过功能区进行设置。

具体操作方法为：打开需要打印的工作表，切换到"页面布局"菜单选项卡，勾选"工作表选项"组中"标题"栏下方的"打印"复选框，然后执行打印操作即可。

11.4.5 缩放打印

有时候制作的Excel表格在最末一页只有几行内容，如果直接打印出来既不美观又浪费纸张。此时，用户可以通过改变缩放比例让最后一页的内容显示到前一页中。

改变缩放比例的方法为：打开工作簿，切换到"页面布局"选项卡，单击"调整为合适大小"组右下角的功能扩展按钮，打开"页面设置"对话框，调整"缩放比例"，如调为"90%"，然后单击"确定"按钮即可。

11.5 课堂练习

练习一：打印新产品市场调查问卷

▶ **任务描述：**

本节将打印新产品市场调查问卷，目的在于使读者用本章所学的知识，能够在实践中熟练打印电子表格的基本操作。

▶ **操作思路：**

01 打开"新产品市场调查问卷"工作簿，根据需要进行页面设置，并为其设置工作表背景图片。

02 利用选择性粘贴功能，将要打印的区域复制并粘贴为"图片"，以打印出工作表背景。

03 进行打印预览，设置页边距和缩放比例，确认无误后打印工作表。

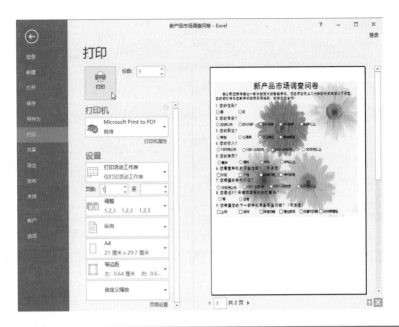

练习二：打印销售业绩表

▶任务描述:

本节将打印销售业绩表，目的在于使读者用本章所学的知识，能够在实践中熟练打印电子表格的基本操作。

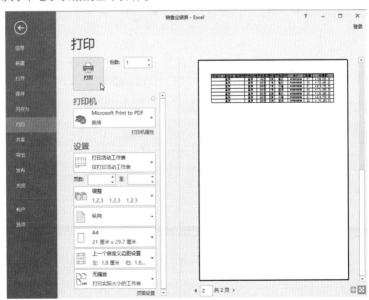

▶**操作思路:**

01 打开"销售业绩表"工作簿,根据需要进行页面设置。

02 设置打印标题,使每页表格打印出来都有表头。

03 进行打印预览,确认无误后打印表格。

11.6 课后答疑

问:如何自定义页眉/页脚的起始页码?

答:在默认情况下,在页眉/页脚中插入的页码是从1开始编号的,如果需要自定义起始页码,方法为:打开"页面设置"对话框,在"页面"选项卡的"起始页码"文本框中输入需要的起始页码值,单击"确定"按钮即可。

问:如何只打印工作表中的图表?

答:如果一张工作表中既有数据信息,又有图表,但用户只想打印其中的图表,方法为:打开工作表,选中需要打印的图表,切换到"文件"选项卡,单击"打印"命令,在窗口的"设置"栏可选择"打印选定图表"选项,单击"打印"按钮即可。

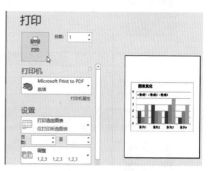

问:如何打印网格线?

答:在打印工作表时,在默认情况下,Excel网格线是不能被打印出来的。如果使用网格线作为表格边框,并将其打印出来的方法为:打开"页面设置"对话框,切换到"工作表"选项卡,在"打印"栏中勾选"网格线"复选框,单击"确定"按钮,然后进行打印即可。

第12章

Excel 2016应用实例

通过前面的介绍，读者已经学会使用Excel 2016制作和处理表格。本章将列举出几个综合应用实例，帮助读者更好地掌握前面所学的知识，并补充学习一些Excel的高级功能，便于读者熟练掌握Excel的使用，在工作中实现举一反三。

本章要点：

❖ 制作安全库存量预警表
❖ 制作长假值班安排表
❖ 制作销售数据分析表
❖ 制作员工在职培训系统

12.1 制作安全库存量预警表

知识导读

"安全库存量预警表"用于在库存量低于或等于安全库存量时自动预警提示,以便库存管理人员及时定制采购计划。

下面介绍制作"安全库存量预警表"的具体操作方法。

01 创建工作簿

① 新建一个名为"安全库存量预警表"的工作簿。重命名"Sheet1"工作表为"安全库存量预警表"。

② 在工作表中输入基本数据内容,并适当设置表格格式等。

02 计算得到年月信息

① 在I2单元格中输入公式:
=CONCATENATE(YEAR(TODAY()),"年",MONTH(TODAY()),"月")。

② 按下"Enter"键确认,得到当前日期的年和月信息。

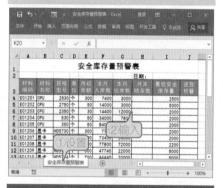

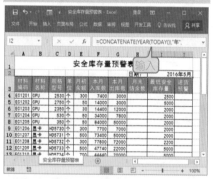

03 计算月末结余额

① 在H4单元格中输入公式:
=E4+F4-G4,按下"Enter"键确认,得到月末结余额数据。

② 利用填充柄向下填充公式。

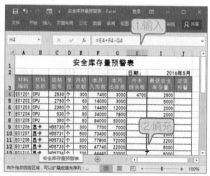

提 示

CONCATENATE 函数用于将两个或多个文本字符串联接为一个字符串。其语法为: CONCATENATE(text1, [text2], ……)。最多可以有 255 个项目。

04 计算当前日期的库存信息

① 在J4单元格中输入公式"=IF(H4<=I4,"警报","正常")",按下"Enter"键确认,得到当前日期的库存信息。

② 利用填充柄向下填充公式。

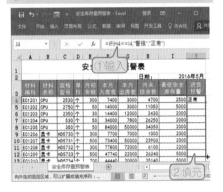

05 打开"等于"对话框

① 选中J4:J38单元格区域。

② 在"开始"选项卡的"样式"组中执行"条件格式"→"突出显示单元格规则"→"等于"命令,打开"等于"对话框。

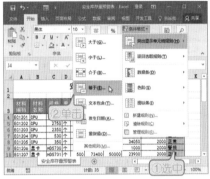

06 设置条件格式

① 在"等于"对话框中,在"为等于以下值的单元格设置格式"文本框中输入"警报"。

② 在"设置为"下拉列表中选择"自定义格式"选项,打开"设置单元格格式"对话框。

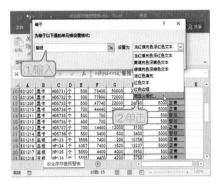

07 设置自定义条件格式

① 在"设置单元格格式"对话框中,在"字体"选项卡中设置文字颜色为白色,在"填充"选项卡中设置单元格背景色为红色。

② 设置完成后单击"确定"按钮。

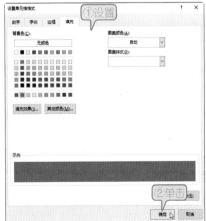

08　确认自定义格式

① 此时将返回"等于"对话框，在工作表中可以预览到设置后的效果，如有需要可以再次打开"设置单元格格式"对话框进行修改。

② 确认自定义格式后，单击"确定"按钮即可。

09　查看完成效果

返回工作表，可以看到设置突出显示单元格后的预警效果。

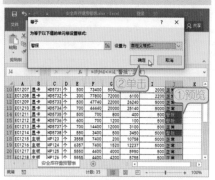

12.2　制作长假值班安排表

知识导读

五一、国庆、春节等长假时，许多公司和事业单位会安排人员值班，以便及时解决一些突发状况或保障公司、单位的财产安全。这就需要制作一个"长假值班安排表"，并利用到Excel 2016的"规划求解"功能。

下面介绍制作"长假值班安排表"的具体操作方法。

01　创建工作簿

① 新建一个名为"长假值班安排表"的工作簿。重命名"Sheet1"工作表为"长假值班安排表"。

② 在工作表中输入基本数据内容，并适当设置表格格式等。

> ⚡ **注 意**
>
> 在默认情况下，在Excel 2016中并没有启用"规划求解"功能，用户需要将其添加到功能区中，以便使用。

02 打开"加载宏"对话框

① 切换到"文件"选项卡，单击"选项"命令。弹出"Excel选项"对话框，切换到"加载项"选项卡，在"管理"下拉列表中选择"Excel加载项"选项。

② 单击"转到"按钮，打开"加载宏"对话框。

03 启用规划求解加载项

① 在"加载宏"对话框中，勾选"规划求解加载项"复选框。

② 单击"确定"按钮。

04 查看启用效果

返回工作表，切换到"数据"选项卡，即可看到其中添加了"规划求解"按钮。

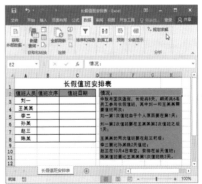

> ⚡ **提 示**
>
> 要取消添加的加载项，只需再次打开"Excel选项"对话框，在"加载项"选项卡的"管理"下拉列表中选择对应的选项，单击"转到"按钮，在弹出的相应对话框中取消勾选该加载项，然后单击"确定"按钮即可。

05　插入空白行

① 为了便于后面的工作，需要对表格进行一些调整，使用鼠标右键单击第4行行标。

② 在弹出的快捷菜单中单击"插入"命令。

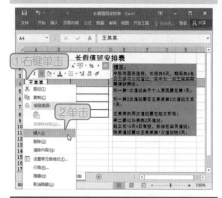

06　输入表格内容

① 可以看到该行前插入了一行，该行顺序下移，用同样的方法在"李二"前插入一行。

② 在工作表中输入相应文字内容，并对"情况"部分文字位置进行适当调整，效果如图所示。

07　设置参数区域

在I2和I3单元格中输入两个必要参数项"变量"和"目标"，并适当设置文本格式和单元格格式等。

08　输入公式

① 根据情况介绍，在K2到K9单元格中输入数字1到8。

② 在K10单元格中输入公式：=PRODUCT(K2:K9)，按下"Enter"键确认。

📃 **提示**

本例中，使用PRODUCT函数计算K2到K9各单元格中的数据的乘积。

09 设置条件区域

根据情况介绍，在B3到B10单元格中输入相应的公式或数字：B3＝1，B4＝B6＋1，B5＝B9-J2，B6＝B9＋J2，B7＝B8＋2，B9＝5，B10＝B5＋3。

10 输入公式

在J3单元格中输入公式：＝PRODUCT(B3:B10)，按下"Enter"键确认输入。

11 设置目标值

① 选中J3单元格，切换到"数据"选项卡，单击"分析"组中的"规划求解"按钮。弹出"规划求解参数"对话框，默认"设置目标"为"$J$3"，选择"目标值"单选项，在"目标值"文本框中输入K10单元格中的计算结果"40320"。

② 单击"通过更改可变单元格"文本框后的 按钮。

12 设置可变单元格

① 返回工作表，选择B8单元格，可以看到在"规划求解参数"对话框中自动输入"$B$8"，输入英文状态下的逗号作为分隔符，然后选择J2单元格。

② 单击"规划求解参数"对话框中的 按钮。

13 打开"添加约束"对话框

返回"规划求解参数"对话框，单击"添加"按钮，打开"添加约束"对话框。

14 添加约束条件

① 弹出"添加约束"对话框，选中B8单元格，在"单元格引用"文本框中将自动输入"$B$8"，在关系运算符下拉列表中选择"int"选项，"约束"文本框中将自动出现"整数"。
② 单击"添加"按钮。

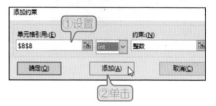

15 继续约束B8单元格

① 设置的约束被添加到"规划求解参数"对话框中，系统自动清空"添加约束"对话框，可以继续添加约束。
② 参照前面的方法，设置B8单元格大于或等于"1"，小于或等于"8"。完成后单击"确定"按钮。

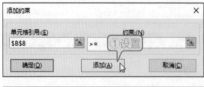

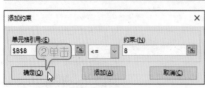

16 继续添加约束条件

返回"规划求解参数"对话框，在"遵守约束"列表框中可以看到之前设置的约束，单击"添加"按钮继续添加约束。

17 继续设置条件区域

参照前面的方法，设置J2单元格为"整数"，大于或等于"1"，小于或等于"8"，设置完成后在"规划求解参数"对话框的"遵守约束"列表框中可以看到设置的约束。

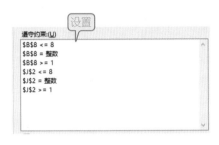

18 规划求解运算

① 在"规划求解参数"对话框中单击"求解"按钮，系统将进行运算，运算完成后，结果显示在工作表中，并弹出"规划求解结果"对话框。确认运算结果后，选择"保留规划求解的解"单选项。
② 单击"确定"按钮即可。

19 设置单元格格式

① 选中C3:C10单元格区域，在"开始"选项卡中单击"数字"组右下角的功能扩展按钮。打开"设置单元格格式"对话框，设置该区域单元格格式为形如"3月14日"的日期格式。
② 单击"确定"按钮即可。

20 输入对照表

在M2:N10单元格区域中输入值班次序和值班日期的对照表。

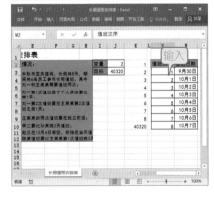

21 输入公式

① 在C3单元格中输入公式:= VLOOKUP
(B3,$M$1:$N$10,2,FALSE),按下"Enter"
键确认输入,可以看到计算结果为值班
日期。
② 利用填充柄功能将C3单元格中的公
式拖动复制到C4至C10单元格中即可。

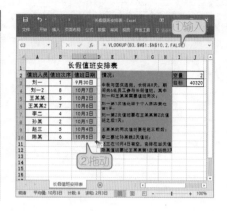

12.3 制作销售数据分析表

知识导读

销售数据分析表是用来记录和统计公司的产品在某一段时间内的销售情
况。它将为销售部门掌握销售形势、处理销售数据提供依据。本例将制
作一份销售数据分析表,并运用柱线图或折线图的操作来实现表格的分
析。

下面介绍制作"销售数据分析表"的具体操作方法。

01 创建工作薄

① 新建一个名为"销售数据分析表"
的工作薄。
② 输入表格标题和数据,并设置合适
的表格样式。

02 计算累计值

① 选中M3:M7单元格区域。
② 单击"公式"选择卡"函数库"组
中的"自动求和"按钮,快速计算出
累计值。

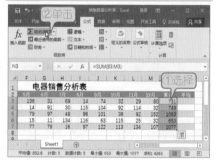

03　计算平均销量

① 在O3单元格中输入函数：=INT(AVERAGE(B3:M3))，按下"Enter"键，计算出冰箱的平均销量。
② 使用填充柄，将公式填充到O4:O7单元格区域，计算出其他电器的平均销量。

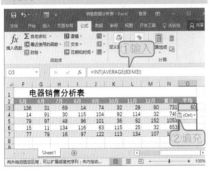

04　选择图表样式

① 选中A3:M7单元格区域。
② 单击"插入"选项卡"图表"组中的"插入柱形图或条形图"按钮，在弹出的下拉列表中选择一种柱形图样式。

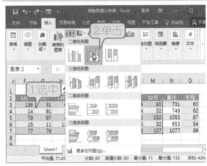

05　更改图表标题

在默认情况下，新创建的图表中标题显示为"图表标题"，根据需要将标题更改为"电器销售分析表"。

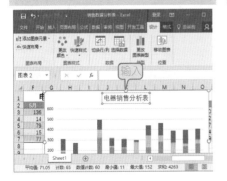

06　添加图例

① 选中图表，在"图表工具/设计"选项卡的"图表布局"组中单击"添加图表元素"下拉按钮。
② 在打开的下拉菜单中选择"图例"选项。
③ 在展开的子菜单中单击"顶部"命令。

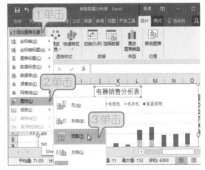

07 设置形状样式

① 选中整个图表。

② 在"图表工具/格式"选项卡的"形状样式"组中选择一种Excel内置的形状样式,快速套用到图表中。

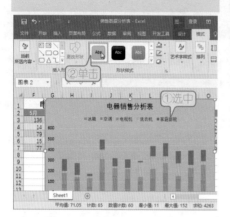

08 调整大小和位置

① 选中整个图表。

② 通过鼠标左键拖动,调整图表大小,并将图表移动到工作表数据区域的下方。

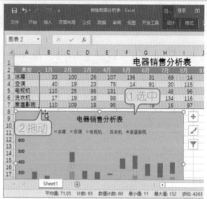

09 创建辅助数据区域

① 在A27单元格中输入"1"。

② 在B27单元格中输入公式:=INDEX(B3:B7,$A$27),按下"Enter"键确认。

③ 使用填充柄将公式填充到B27:M27单元格区域中。

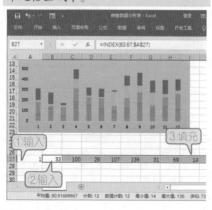

10 创建折线图

① 选中A27:M27单元格区域。

② 在"插入"选项卡的"图表"组中单击"插入折线图或面积图"下拉按钮。

③ 在打开的下拉菜单中选择折线的样式。

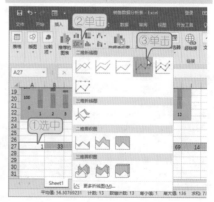

11 更改图表标题

将创建的折线图图表标题更改为"各类电器市场趋势分析图"。

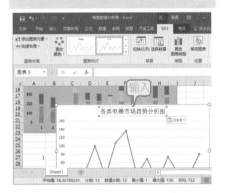

12 添加趋势线

① 选中整个图表，在"图表工具/设计"选项卡的"图表布局"组中单击"添加图表元素"下拉按钮。

② 在打开的下拉菜单中选择"趋势线"选项。

③ 在展开的子菜单中单击"线性"命令。

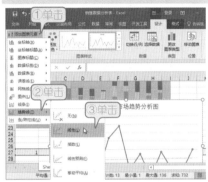

13 设置趋势线样式

① 选中添加的趋势线。

② 在"图表工具/格式"选项卡的"形状样式"组中选择一种内置的形状样式，将其快速套用，设置趋势线的样式。

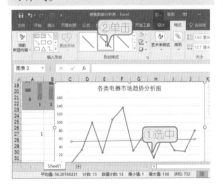

14 调整图表大小和位置

通过鼠标左键拖动，将折线图移动到柱形图右侧，并通过拖动图表控制点调整折线图大小，使其与柱形图整齐排列。

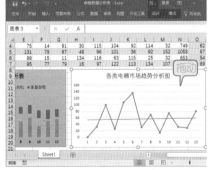

15　选择组合框控件

① 在"开发工具"选项卡的"控件"组中单击"插入"下拉按钮。
② 在打开的下拉菜单中单击"表单控件栏"的"组合框（窗体控件）"选项。

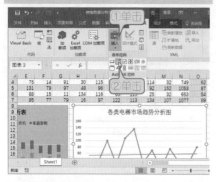

16　绘制下拉列表框

将鼠标指针移动到折线图图表的右上角，沿单元格边框按住鼠标左键拖动，到适当位置释放鼠标，绘制下拉列表框。

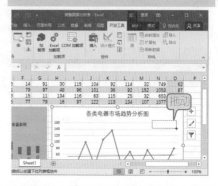

17　打开"设置控件"对话框

① 在列表框上使用鼠标右键单击。
② 在弹出的快捷菜单中选择"设置控件样式"命令，打开"设置控件格式"对话框。

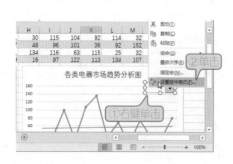

18　设置控件参数

① 在"设置控件格式"对话框中，在"控制"选项卡的"数据源区域"参数框中输入"$A$3:$A$7"，在"单元格链接"参数框中输入"$A$27"，在"下拉显示项数"文本框中输入"5"。
② 完成后单击"确定"按钮。

19 修改数据

返回工作即可看到A27的单元格数值变为"0"，B27:M27单元格区域为乱码显示。将A27单元格的"0"修改为"1"，即可使公式和图表正确显示。

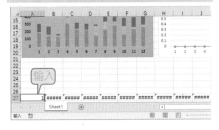

20 使用下拉列表框查看

① 在折线图中，单击下拉列表框右侧的下拉按钮。

② 在弹出的下拉菜单中选择需要的类别即可查看该类数据的市场趋势。

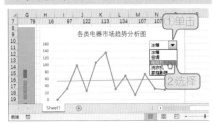

12.4 制作员工在职培训系统

知识导读

为了查看员工在职培训效果，人力资源部往往会针对此次培训内容进行一次培训测试，制作一套完善的在职培训系统，可以方便人力资源部管理人员对员工的学习情况以及培训效果进行总结。

下面介绍制作"员工在职培训系统"的具体操作方法。

01 计算总分

① 打开"员工在职培训系统"原始文件，在G4单元格中输入公式：=SUM(C4:F4)，按下"Enter"键。

② 利用填充柄将公式填充到相应单元格中。

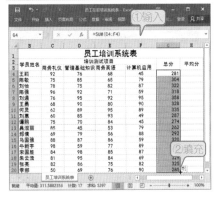

02 计算平均分

① 在H4单元格中输入公式：=AVERAGE(C4:F4)，按下"Enter"键确认。

② 利用填充柄将公式复制到相应单元格中。

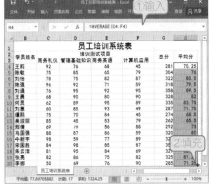

03 选择函数

① 选中的I4单元格，切换到"公式"选项卡，单击"插入函数"按钮。打开"插入函数"对话框，在"或选择类别"下拉列表中选择"统计"选项，在"选择函数"列表框中单击"RANK.EQ"选项。

② 单击"确定"按钮。

04 设置函数参数

① 打开"函数参数"对话框，在"Number"文本框中输入"G4"，在"Ref"文本框中输入"G4:G20"。

② 单击"确定"按钮。

📶 提 示

RANK.EQ函数用于返回一个数字在数字列表中的排位，其大小与列表中的其他值相关，该函数的语法结构为：RANK.EQ（Number,Ref,[Order]）。

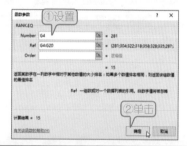

05 计算名次

① 系统将计算出G4单元格在G4:G20单元格区域中的排名，选中I4单元格，在编辑栏中将公式修改为：=RANK.EQ(G4,$G$4:$G$20)，按下"Enter"键确认。

② 利用填充柄将公式填充到相应单元格中，计算出学员培训成绩名次。

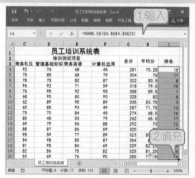

06 添加表格边框

① 选中A2:I20单元格区域。

② 在"开始"选项卡的"字体"组中单击"边框"下拉按钮。

③ 在打开的下拉菜单中单击"所有边框"命令，添加表格边框。

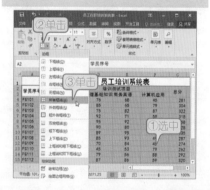

07 冻结拆分窗格

① 选中A4单元格。

② 切换到"视图"选项卡，在"窗口"组中单击"冻结窗口"下拉按钮。

③ 在打开的下拉菜单中单击"冻结拆分窗格"命令。

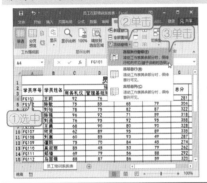

08 查看冻结效果

此时在第三行下方将出现一条窗格冻结线，表示工作表标题和列标题已被冻结，拖动滚动条即可查看工作表内容。

09 创建查询区域

① 在A23:C33单元格中输入相应的文本内容。

② 设置文本格式，如下图所示。

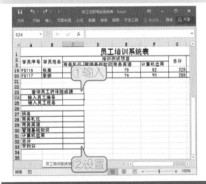

10 输入公式

在C25单元格中输入公式：=VLOOKUP(C24,$A$4:$B$20,2,FALSE)，按下"Enter"键确认。

11 输入公式

在C27单元格中输入公式：=VLOOKUP(C24,$A$4:$I$20,9,FALSE)，按下"Enter"键确认。

12 输入公式

在C28单元格中输入公式：=VLOOK UP(C24,$A$4:$C$20,3,FALSE)，按下"Enter"键确认。

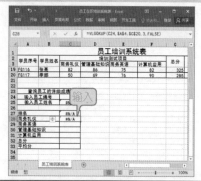

13 输入公式

在C29单元格中输入公式：=VLOOK UP(C24,$A$4:$E$20,5,FALSE)，按下"Enter"键确认。

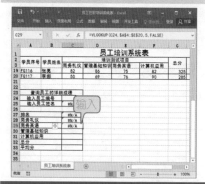

14 输入公式

在C30单元格中输入公式：=VLOOK UP(C24,$A$4:$D$20,4,FALSE)，按下"Enter"键确认。

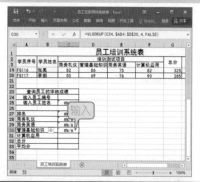

15 输入公式

在C31单元格中输入公式：=VLOOK UP(C24,$A$4:$F$20,6,FALSE)，按下"Enter"键确认。

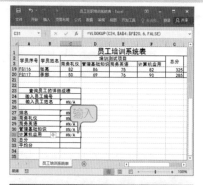

16 输入公式

在C32单元格中输入公式：=VLOOK UP(C24,$A$4:$G$20,7,FALSE)，按下"Enter"键确认。

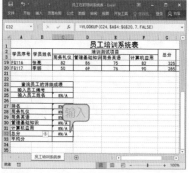

17 输入公式

在C33单元格中输入公式：=VLOOK UP(C24,$A$4:$H$20,8,FALSE)，按下"Enter"键确认。

18 设置表头

① 对表头设置单元格填充背景色，即可完成员工在职培训系统的制作，效果如下图所示。

② 在单元格C24中输入员工编号，如，FG106，按下"Enter"键，C25:C33单元格区域中将显示编号为"FG106"的员工姓名以及详细成绩。

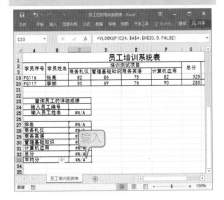

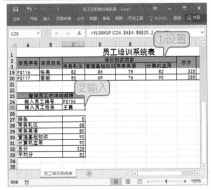